2014 年度宁波市自然科学学术著作出版资助项目

铁矿石品质波动评估中
时间序列预测的应用

Application on Quality Variation Evaluation for Iron Ore by Time Series Forecasting

应海松　编著

北　京

冶 金 工 业 出 版 社

2014

内 容 简 介

本书研究了大数据背景下的数据仓库和数据挖掘、小波变换和时间序列预测在铁矿石品位波动中的应用,探讨了铁矿石品质数据库的数据提取、Matlab神经网络工具箱在品位波动评估中的应用、Matlab小波工具箱与时间序列结合在品位波动评估中的应用、Matlab/Simlink数学建模在铁矿石取样人工智能化中的应用,讨论了长短程时间序列对铁矿石品位波动预测模型的选择;最终将原先凌乱的、甚至是跨越不同数据库的信息资源进行知识再创造,达到铁矿石品位波动评估的人工智能化;同时也对人工智能技术在该领域应用对节能减排的作用和对港口经济发展的促进进行了探索。

本书可供冶金行业、钢铁企业、检验检疫、矿山采掘、质量控制、人工智能、设备制造、港口管理等领域的研究人员、技术人员、管理人员阅读,也可以作为大专院校冶金、矿业、港口、海事等专业师生的教学参考书以及相关企业工艺流程改进和技术革新的参考材料。

图书在版编目(CIP)数据

铁矿石品质波动评估中时间序列预测的应用/应海松编著. —北京:冶金工业出版社,2014.11
ISBN 978-7-5024-6669-5

Ⅰ.① 铁… Ⅱ.① 应… Ⅲ.① 时间序列分析—应用—铁矿物—技术评估 Ⅳ.①TF521

中国版本图书馆 CIP 数据核字(2014)第 248414 号

出 版 人 谭学余
地　　址 北京市东城区嵩祝院北巷 39 号 邮编 100009 电话 (010)64027926
网　　址 www.cnmip.com.cn 电子信箱 yjcbs@cnmip.com.cn
责任编辑 马文欢 李培禄 美术编辑 吕欣童 版式设计 孙跃红
责任校对 郑 娟 责任印制 牛晓波
ISBN 978-7-5024-6669-5
冶金工业出版社出版发行;各地新华书店经销;三河市双峰印刷装订有限公司印刷
2014 年 11 月第 1 版,2014 年 11 月第 1 次印刷
169mm×239mm;12.25 印张;238 千字;184 页
46.00 元
冶金工业出版社 投稿电话 (010)64027932 投稿信箱 tougao@cnmip.com.cn
冶金工业出版社营销中心 电话 (010)64044283 传真 (010)64027893
冶金书店 地址 北京市东四西大街 46 号(100010) 电话 (010)65289081(兼传真)
冶金工业出版社天猫旗舰店 yjgy.tmall.com
(本书如有印装质量问题,本社营销中心负责退换)

序

　　铁矿石是一种重要的战略资源，目前中国已经成为世界上最大的铁矿石生产国和进口国。随着我国钢铁生产对进口铁矿石依赖度日益增强，进口铁矿石品质呈现出良莠不齐的现象。为保护国家环境安全及其经济利益，对铁矿石的质量评价就显得尤为重要。

　　宁波口岸是我国最早进口铁矿石口岸之一，宁波出入境检验检疫局拥有检验检疫系统内第一套自动化机械取制样设施。多年的铁矿石检验经验积累，已经使得宁波出入境检验检疫局在铁矿石检验技术方面趋于领先地位，其精湛的检验技术维护了我国钢铁企业的利益，为我国钢铁经济的持续发展起到了重要作用。

　　该书著者应海松同志从事检验检疫工作多年，在铁矿石检验领域颇有造诣，曾作为召集人主持制定我国第一项 ISO 铁矿石标准，在国内组织出版过一套铁矿石检验技术丛书，为铁矿石检验技术的发展、学科化建设和我国在铁矿石检验领域的国际地位提升做出了较大的成绩。

　　该书是人工智能在铁矿石检验领域应用的一次探索，它为铁矿石取制样新的标准制定奠定了理论基础，采用的新技术对节能环保有一定作用，代表了一种发展方向。希望继续努力，尽快进行成果转化，为创新型国家建设贡献自己应尽的一份力量。

宁波出入境检验检疫局

局长

2014 年 10 月

前　言

　　计算机技术的发展，为利用积累的大数据进行知识再发现创造了条件。数据仓库和数据挖掘是近几年来迅速发展的大数据信息化技术，也是知识再发现的最有效手段。20世纪国内开始大规模进口铁矿石以来，一些口岸从事进口铁矿石检验的机构也逐渐积累了许多宝贵的品质信息资源，但这些信息资源是凌乱的，甚至是跨越不同数据库的。进口铁矿石品质的数据仓库建设就是利用检验检疫系统的信息优势，通过相关的数据挖掘技术建立进口铁矿石品质信息收集方式，为进口铁矿石检验和国家相关政策法规的出台提供技术支持，为国内钢铁企业了解进口铁矿石的质量特性而有选择性地采购进口铁矿石提供重要的技术参考，为国外供货商改进工艺提高铁矿石质量提供对比数据。

　　按照ISO3084对铁矿石进行品位波动校核是一种常规方法，但该方法需要耗费大量的人力和财力，检验校核相当不经济。本书利用BP神经网络和时间序列小波分析预测，采用第四代程序语言Matlab，利用数据仓库建设历年来积累的检验数据或在线粒度检测的部分数据通过一定的提取方式提取出来作为学习训练样本，建立数学模型，同时通过Matlab的命令行方式、GUI方式和系统仿真对铁矿石的品位波动进行模拟检验。时间序列分析是概率统计学中的一门重要的应用分支，在金融经济、气象水文、信号处理、机械振动等领域广泛应用。本书利用时间序列预测，将某产地某品种进口铁矿石在卸载时的在线粒度检测结果，结合小波分析，分别用三种模型预测其品位波动情况，然后根据预测的品位情况安排取样方案。利用Matlab的Simulink数学建模技术，仿真交货批铁矿石在港口卸载时，将机械取样在线粒度检测系统每个份样粒度检测结果，通过小波变换抓取品位波动信息，选择品位波动并指导铁矿石取样，最终达到在线检测品位波动、份样数及份样量计算、完成自动取样、完整的粒度检测等计算机模拟过程。在矿石质量评定的采样过程中，需要利用品位波动参数作为取样时选择份样数的依据，虽然实际的取样过程不能省略，但需要花大量财力人力的品位波动参数获取则可以用模拟实验的数据代替。方法简单易用，模拟结果误差小，得到的网络能为相关铁矿石品位波动情况获取提供手段，最终为铁矿石取制样提供品位波动校核依据，可以节省大量的人力财力，使原先繁重的体力劳动实现人工智能化。最后，本书尝试将人工智能技术替代传统矿石品位波动实验后，采用生命周期（LCA）评价方法，计算采用本项目方法能节省多少能源、减排多少二氧化碳当量，讨论在整个取样过程中对节能减排的贡献，以及该节点对港口经济效益增长的作用。

　　本书所述内容以国家质检总局相关计划项目（计划编号：2012IK045）为基础，项目主要完成人有应海松、李雪莲、杨东彪、陈颖娜、郑建军、吴军、余春晖、李斐真、陈贺海、任春生、郑建国、任丽萍、贺存君，主要完成单位为宁波出入境检验检疫局、广东出入境检验检疫局、宁波大学、上海出入境检验检疫局。本书由应海松编著，在编著过程中，得到了宁波大学汪鹏君教授和张会红副教授的帮助，也参考和引用了他人一些论文、著作、网页部分内容，在此谨向作者表示感谢。

　　由于编著者水平有限，不当之处敬请读者朋友批评指正。

编著者
2014 年 10 月

目　录

1 绪 论

时间序列预测是一种重要的数据挖掘技术，该技术因应用于经济学领域而获诺贝尔经济学奖闻名于世。为便于了解时间序列预测、小波分析和铁矿石系列取制样标准的基本概念，本章先简单介绍铁矿石品位波动评定标准、时间序列预测方法和小波分析方法，以便为深入阅读其他章节奠定基础。

1.1 研究背景及意义

铁矿石是一种极其重要的战略资源，随着我国经济的快速发展，铁矿石的对外依赖度已超过50%，目前我国已是国际上最大的铁矿石生产国，同时也是最大的铁矿石进口国。然而，进口铁矿石的质量波动却很不稳定，为此需要准确评估进口铁矿石的质量情况，及时预测铁矿石品位的变化，为铁矿石检验监管人员、贸易人员掌握质量信息、规避贸易风险、出台相关政策提供必要的技术支持，维护我国的利益。品位波动可因矿山矿体、采矿方法、选矿方法、堆积和采取的方法、装及卸的方法、交货批质量的变化而改变，当然也可因铁矿石供应水平的变化而变化[1]。因此，需要对交货铁矿石的品位波动经常校核。一般矿产品的取样标准（如ISO3082）都需引用品位波动结果来确定所采取样品的品位是选择"大""中"还是"小"，不同的选择直接影响采用的代表性样品的质量，也影响工作人员的实际工作量。而几个月或几年等单位时间段内的品质信息的数据量非常大，无法进行人工甄别和评估，也需要研究相关技术提取有价值信息。利用时间序列的小波分析方法建立一定的数学模式来判断各种条件下铁矿石的品位波动，可以将原本需要大量人工辅助的铁矿石品质波动评定，成为只需计算机运算的模拟处理，使品位波动评估大大简单化，并能快速取得结论，大大降低实验成本。作为小波分析的重要组成部分的多分辨分析，为构造小波提供了一种统一框架，并由此衍生出函数（时间序列）分解和重构的快速算法，同时开辟了从函数空间的高度研究函数的多分辨率表示的先河，即将一个函数表示为一个低频率成分与不同分辨率下的高频成分。这种多分辨分析的思想可以用照相机焦距跟景物的局部与全局的关系来解释，当放大焦距时，我们可以拍摄到景物的全局与概貌，当缩小焦距时，我们可拍摄到景物的某些细致的局部。小波分析方法是一种窗口大小固定但其形状可以改变、时间窗和频率窗都可以改变的时频局部化的分析方法，而小波时窗与频窗之间的限定关系，使小波在信号的低频部分具有较高的频率分辨率和较低的时间分辨率，在信号的高频部分具有较高的时间分辨率和较低的频率分辨率。小波的这种在时频分析方面所具有的自适应性正符合对信号处理的要求。小波变换对不同的频率在时域上的取样步长是调节性的。在低频时小波变换的时间分辨率较差，而频率分辨率较高；在高频时小波变换的时间分辨率较高，而频率分辨率较低。这正符合低频信号变化缓慢而高频信号变化迅速的特点。应用多分辨分析的预测方法是针对非平稳时间序列预测的方法，是通过小波多分辨分析把某些非平稳时间序列分解为若干层近似意义上的平稳时间序列，然后再用自回归模型对每层的单支重构信号进行预测，最后综合每层的预测值可得到时间序列的预测值。利用小波分析的时间序列分析可以改变传统铁矿石品位波动及其铁矿石进口单位时间内的品质情况波动的确认方法（如 ISO3084），通过对现有铁矿石检验各类数据库数据的提取、转换、归一、导入方法的研究，对进口铁矿石品位波动的评估、预测研究，将复杂而杂乱无序数据变为有价值的信息，同时锻炼培养一支能熟练运用化学计量学技术解决铁矿石检验问题的人才队伍。除了人才培养外，本项目将先进的小波分析技术应用于传统的铁矿石检验，提升了铁矿石检验的技术水平。这些研究将为铁矿石取样品位波动确认的人工智能化和绿色环保技术在铁矿石检验中的应用提供必要的技术储备。

1.2 铁矿石品位波动评定标准简介

就铁矿石取样标准而言，一套完整的取样标准应该由机械取样、手工取样，品质波动评定、校核取样精密度、校核取样偏差（包括物理试验用样、直接还原铁、块矿）等组成，我国国家标准、国际标准、其他国家与地区所制定的铁矿石取制样标准都制定了相应的标准系列[2]。

1.2.1 我国国家标准

早在 1980 年，我国就颁布了国家标准《散装矿石取样制样通则》（GB 2007—1980），1987 年、1988 年又相继出台了《散装矿石取样制样通则—手工取样法》（GB/T 2007.1—1987）及《散装矿石取样制样通则—手工制样法》（GB/T 2007.2—1987）、《铁矿石机械取制样方法》（GB/T 10322—1988）、《铁矿石品质波动评定》（GB/T 2007.3—1987）、《铁矿石校核取样精密度》（GB/T 2007.4—1987）、《铁矿石校核取样误差》（GB/T 2007.5—1987）、《铁矿石（烧结矿、球团矿）物理试验用试样的取样和制样方法》（GB/T 10122—1988）。应该说这些国家标准的制订是等效采用了国际标准，随着 ISO 标准的修订及我国在国际铁矿石贸易中的作用日益增强，也为了使我国国家标准与国际接轨，我国于 2000 年重新修订了铁矿石取制样国家标准，这次修订为等同采用铁矿石国际标准第 3 版，系列标准为：

GB/T 10322.1—2000《铁矿石—取样和制样方法》；

GB/T 10322.2—2000《铁矿石—评定品质波动的实验方法》；

GB/T 10322.3—2000《铁矿石—校核取样精密度的实验方法》；

GB/T 10322.4—2000《铁矿石—校核取样偏差的实验方法》。

这些国家标准的出台与原先制订的大多数铁矿石取制样国家标准互为独立，但 GB/T 10322.1—2000 是取代 GB/T 10322—1988，也就是说 GB/T 10322.1—2000 包含机械与手工取制样，而且对手工取样的手段作了新的定义。

针对物理试样标准 GB/T 10122—1988《铁矿石（烧结矿、球团矿）物理试验用试样的取样和制样方法》未变。

1.2.2 ISO 标准

目前，ISO/TC102 发布的最新铁矿石取制样标准系列有：

ISO 3082—2009《铁矿石—取样和样品制备过程》(Iron ores—Sampling and sample preparation procedures)；

ISO 3086—2006《铁矿石—取样偏差检验的实验法》(Iron ores—Experimental methods for checking the bias of sampling)；

ISO 3085—2002《铁矿石—取样精度检验的实验法》(Iron ores—Experimental methods for checking the precision of sampling)；

ISO 3084—1998《铁矿石—品位波动评定实验》(Iron ores—Experimental methods for evaluation of quality variation)；

ISO 10835：2007《直接还原铁—取制样—还原球团及块矿》(Direct reduced iron—Sampling and sample preparation—Manual methods for reduced pellets and lump ores)。

1.2.3 其他国家及地区标准

（1）美国标准：ASTM E 877—1993《铁矿石和相关材料的取样和试样制备》。

（2）日本标准：日本标准原自成体系，但在国际标准制修订活动中一直非常积极，而且对许多 JIS 标准作了转换工作，目前 JIS 标准与 ISO 标准已逐渐趋于一致。但 JIS 根据日本国情，对 ISO 的标准并非完全采纳，而是舍弃与日本国情不相适应的部分。其取样系列标准如下：

JIS M8702—1996《铁矿石机械取样及试样制备方法》；

JIS M8701—1996《铁矿石手工取样方法》；

JIS M8703—1996《铁矿石试样手工制备方法》；

JIS M8100—1992《散装物料取样方法通则》；

JIS M8702—2002《铁矿石—取制样方法》。

（3）英国标准：

BS 5660-1—1987《铁矿石取样方法》；

　　BS 5660-2—2001《份样抽取和制样的机械方法》；

　　BS 5661—1987《铁矿石试样的手工制备方法》；

　　BS 5662-1—1987《铁矿石取样方法的评定—第 1 部分：检查质量变化的实验方法》；

　　BS 5662-2—1987《铁矿石取样方法的评定—第 2 部分：检查取样精度的实验方法》；

　　BS 5662-3—1987《铁矿石取样方法的评定—第 3 部分：检查取样偏差的实验方法》；

　　BS ISO 3085—2002《铁矿石—取样精度检验的实验法》；

　　BS ISO 3086—1998《铁矿石—取样偏差检验的实验法》；

　　BS ISO 10836—1995《铁矿石—物理检验用样品制备法和抽样法》。

　　（4）法国标准：

　　NF A20-001—1976《铁矿石—任意取样—手工法》；

　　NF A20-003—1977《铁矿石—取样准备》；

　　NF A20-004—1975《铁矿石—鉴定优质矿石试验方法》；

　　NF A20-005—1975《铁矿石—取样精度检验的实验法》；

　　NF A20-006—1975《铁矿石—取样系统误差的实验法》。

　　（5）韩国标准：

　　KS E3034—1999《铁矿石—份样取样—手工法》；

　　KS E3036—1999《铁矿石—份样取样和制样—机械法》；

　　KS E3037—1999《铁矿石—制样—手工法》。

　　（6）前苏联标准：

　　ГОСТ 15054—1980《铁矿石—精矿、烧结矿和球团矿—化学分析用试样的采取和制备方法及水分含量测定方法》；

　　ГОСТ 17495—1980《铁矿石—精矿、烧结矿和球团矿—粒度测定分析试样的采取和制备方法》；

　　ГОСТ 26136—1984《铁矿石—精矿、烧结矿和球团矿—物理试验用试样的采取和制备方法》；

　　ГОСТ 25470—1982《铁矿石—精矿、烧结矿和球团矿—化学和粒度成分均匀性程度的测定方法》。

　　对于其他国家及地区取制样标准，除前苏联自成体系外，英国标准、法国标准、日本标准、美国标准、韩国标准等基本上等同或等效采用 ISO 的第 2 版、第 3 版标准，或技术水平与 ISO 第 2 版、第 3 版相当。

1.2.4　取样系列标准的关联性

　　执行 ISO3082 铁矿石的取样标准需要引用相应的品位波动结果来确定所采取

样品份样数，品位选择的表示方式"大""中"或"小"，分别代表矿石品位波动是大的、中等的还是小的，不同的品位计算出来的份样数是不一样的，品位波动实验标准为 ISO3084。ISO3085 取样精密度和 ISO3086 取样偏差用于验证机械或手工取样方法、设备的可靠性。

1.3　时间序列预测方法简介

时间序列是按时间次序排列的随机变量，任何时间序列经合理的函数变换后都可以被认为是三个部分叠加而成，这三个部分是趋势项、周期项和随机噪声。时间序列是把这三个部分分解进行分析。时间序列可分为平稳时间序列和非平稳时间序列。时间序列法是一种定量预测方法，亦称简单外延方法，在统计学中作为一种常用的预测手段被广泛应用。时间序列分析在第二次世界大战前应用于经济预测[7]。二次大战中和战后，在军事科学、空间科学、气象预报和工业自动化等部门的应用更加广泛。时间序列分析（time series analysis）是一种动态数据处理的统计方法。该方法基于随机过程理论和数理统计学方法，研究随机数据序列所遵从的统计规律，以用于解决实际问题。分析时间序列，从中寻找出随时间变化而变化的规律，得出一定的模式，以此模式去预测将来的情况。2003 年，瑞典皇家科学院把诺贝尔经济学奖授予美国经济学家罗伯特·恩格尔和英国经济学家克莱夫·格兰杰，以表彰他们在"分析经济时间数列"研究领域所作出的贡献。其中，格兰杰发现的非稳定（non-stationary）时间序列可以呈现出稳定性，从而可以得出正确的统计推理。他称这是一种协整（co-integration）现象，并提出了根据同趋势（common trends）进行经济时间序列（time series）分析的方式。格兰杰 1934 年生于英国威尔士的斯旺西，1959 年获英国诺丁汉大学博士学位，现为美国圣迭戈加利福尼亚大学荣誉经济学教授。格兰杰的发现对研究财富与消费、汇率与价格以及短期利率与长期利率之间的关系具有非常重要的意义。很多的宏观经济时间序列是非稳定的，比如 GDP，它有一个长期发展变化的趋势而在该趋势中暂时性的扰动又会影响这种长期趋势，非稳定性序列没有明确的趋向，尽管宏观经济序列常常是非稳定的，但以往的研究者只能使用稳定序列方法，会导致根本不相关的变量却显著相关，由于非稳定变量估计会产生非理性的结果，最终产生统计陷阱（statistical pitfalls）。格兰杰的研究成果找到了一种发现隐藏于短期波动下潜在的长期关系的统计分析方法。在 20 世纪 80 年代格兰杰发表的一些论文中，格兰杰发展了一些新概念和统计方法来说明短程和长程趋势。

1.3.1　时间序列预测法步骤

第一步：收集历史资料，加以整理，编成时间序列，并根据时间序列绘成统计图。时间序列分析通常是把各种可能发生作用的因素进行分类，传统的分类方法是按各种因素的特点或影响效果分为四大类：（1）长期趋势；（2）季节变动；（3）循环变动；（4）不规则变动。

第二步：分析时间序列。时间序列中每一时期的数值都是许许多多不同的因素同时发生作用后的综合结果。

第三步：求时间序列的长期趋势（T）、季节变动（S）和不规则变动（I）的值，并选定近似的数学模式来代表它们。对于数学模式中的诸未知参数，使用合适的技术方法求出其值。

第四步：利用时间序列资料求出长期趋势、季节变动和不规则变动的数学模型后，就可以利用它来预测未来的长期趋势值 T 和季节变动值 S，在可能的情况下预测不规则变动值 I。然后用以下模式计算出未来的时间序列的预测值 Y。如：加法模式 $T + S + I = Y$；乘法模式 $T \times S \times I = Y$。

如果不规则变动的预测值难以求得，就只求长期趋势和季节变动的预测值，以两者相乘之积或相加之和为时间序列的预测值。如果现象本身没有季节变动或不需预测分季分月的资料，则长期趋势的预测值就是时间序列的预测值，即 $T = Y$。但要注意这个预测值只反映现象未来的发展趋势，即使很准确的趋势线在按时间顺序的观察方面所起的作用，本质上也只是一个平均数的作用，实际值将围绕着它上下波动。

1.3.2　时间序列分析基本特征

时间序列分析基本特征是：

（1）时间序列分析法是根据过去的变化趋势预测未来的发展，它的前提是假定事物的过去延续到未来。时间序列分析，正是根据客观事物发展的连续规律性，运用过去的历史数据，通过统计分析，进一步推测未来的发展趋势。事物的过去会延续到未来这个假设前提包含两层含义：一是不会发生突然的跳跃变化，是以相对小的步伐前进；二是过去和当前的现象可能表明现在和将来活动的发展变化趋向。这就决定了在一般情况下，时间序列分析法对于短、近期预测比较显著，但如延伸到更远的将来，就会出现很大的局限性，导致预测值偏离实际较大而使决策失误。

（2）时间序列数据变动存在着规律性与不规律性。时间序列中每个观察值的大小，是影响变化的各种不同因素在同一时刻发生作用的综合结果。从这些影响因素发生作用的大小和方向变化的时间特性来看，这些因素造成的时间序列数据的变动分为以下四种类型：

1）趋势性：某个变量随着时间进展或自变量变化，呈现一种比较缓慢而长期的持续上升、下降、停留的同性质变动趋向，但变动幅度可能不相等。

2）周期性：某因素由于外部影响随着自然季节的交替出现高峰与低谷的

规律。

3）随机性：个别为随机变动，整体呈统计规律。

4）综合性：实际变化情况是几种变动的叠加或组合。预测时设法过滤除去不规则变动，突出反映趋势性和周期性变动。

1.3.3 时间序列的分类

时间序列预测法可用于短期预测、中期预测和长期预测。根据对资料分析方法的不同，又可分为：简单序时平均数法、加权序时平均数法、简单移动平均法、加权移动平均法、趋势预测法、指数平滑法、季节性趋势预测法等。

简单序时平均数法也称算术平均法，即把若干历史时期的统计数值作为观察值，求出算术平均数作为下期预测值。这种方法基于下列假设："过去这样，今后也将这样"，把近期和远期数据等同化和平均化，因此只能适用于事物变化不大的趋势预测。如果事物呈现某种上升或下降的趋势，就不宜采用此法。

加权序时平均数法就是把各个时期的历史数据按近期和远期影响程度进行加权，求出平均值，作为下期预测值。

简单移动平均法就是相继移动计算若干时期的算术平均数作为下期预测值。

加权移动平均法即将简单移动平均数进行加权计算。在确定权数时，近期观察值的权数应该大些，远期观察值的权数应该小些。

指数平滑法即根据历史资料的上期实际数和预测值，用指数加权的办法进行预测。此法实质上是由内加权移动平均法演变而来的一种方法，优点是只要有上期实际数和上期预测值，就可计算下期的预测值，这样可以节省很多数据和处理数据的时间，减少数据的存储量，方法简便，是国外广泛使用的一种短期预测方法。

季节性趋势预测法是根据事物每年重复出现的周期性季节变动指数，预测其季节性变动趋势。推算季节性指数可采用不同的方法。

1.3.4 时间序列的分解

1.3.4.1 时间序列

按时间次序排列的随机变量序列

$$X_1, X_2, \cdots \tag{1-1}$$

称为时间序列。如果用

$$x_1, x_2, \cdots, x_n \tag{1-2}$$

分别表示随机变量 X_1，X_2，$\cdots$，X_n 的观测值，就称式 1-2 是时间序列式 1-1 的 N 个观测样本，这里 n 是观测样本的个数。如果用

$$x_1, x_2, \cdots \tag{1-3}$$

表示 X_1，X_2，$\cdots$ 的依次观测值，就称式 1-3 是式 1-1 的一次实现或一条轨道。

在实际问题中所能得到的数据只是时间序列的有限观测样本（式1-2）。时间序列分析的主要任务就是根据观测数据的特点为数据建立尽可能合理的统计模型，然后利用模型的统计特性去解释数据的统计规律，以期达到控制或预报的目的。

为了表达方便，我们用 $\{X_t\}$ 表示时间序列（式1-1），用 $\{x_t\}$ 表示观测样本（式1-2或式1-3）。为了表达简单，有时还用 $X(t)$ 表示 X_t，用 $x(t)$ 表示 x_t。

1.3.4.2 时间序列的分解

时间指标都是等间隔排列的，为了研究和叙述的方便，如果没有特殊说明，本项目中时间序列时间指标都是等间隔排列的，时间序列分析的主要任务就是对时间序列的观测样本建立尽可能合适的统计模型。合理的模型会对所关心的时间序列的预测、控制和诊断提供帮助，大量时间序列的观测样本都表现出趋势性、季节性和随机性，或者只表现出三者中的其二或其一。这样，可以认为每个时间序列，或经过适当的函数变换的时间序列，都可以分解成三个部分的叠加，即

$$X_t = T_t + S_t + R_t, t = 1,2,\cdots \tag{1-4}$$

式中，$\{T_t\}$ 是趋势项；$\{S_t\}$ 是季节项；$\{R_t\}$ 是随机项；时间序列 $\{X_t\}$ 是这三项的叠加。

时间序列分析的首要任务是通过对观测样本（式1-2）的观察分析，把时间序列的趋势项、季节项和随机项分解出来，这项工作被称为时间序列的分解。在模型（式1-4）中，如果季节项 $\{S_t\}$ 只存在一个周期 s，则

$$S(t+s) = S(t), t = 1,2,\cdots$$

于是，$\{S_t\}$ 在任何一个周期内的平均值均是常数。

把模型（式1-4）改写成

$$X_t = (T_t + c) + (S_t - c) + R_t, t = 1,2,\cdots$$

就得到新的季节项 $\{S_t - c\}$。它仍有周期 s 且在任何一个周期内的和是零。于是，在模型（式1-4）中可以要求

$$\sum_{j=1}^{s} S(t+j) = 0, t = 1,2,\cdots \tag{1-5}$$

同理，可以要求随机项的数学期望等于零，即

$$ER_t = 0, t = 1,2,\cdots \tag{1-6}$$

1.3.4.3 时间序列和随机过程

设 A 是实数集合 $R = (-\infty, \infty)$ 的子集，通常称 A 为指标集。如果对每个 t 属于 A，都有一个随机变量 X_t 与之对应，就称随机变量的集合

$$\{X_t\} = \{X_t : t \in A\} \tag{1-7}$$

是一个随机过程。当 A 是全体整数或全体非负整数时，称相应的随机过程为随机序列。把随机序列的指标集合看成时间指标时，这个随机序列就是时间序列。

当 A 是全体实数或全体非负实数时，相应的随机过程被称为连续时随机过

程。如果把 A 认作时间指标，连续时随机过程就是连续时的时间序列。

在应用上，对连续时的时间序列的处理大多是通过离散化完成的，这种离散化被称为离散采样。因此，我们以后把重点放在离散时的时间序列上。时间序列在适当地去掉趋势项和季节项后，剩下的随机部分通常会有某种平稳性。带有平稳性的时间序列是时间序列分析的研究重点。

1.3.5　平稳与非平稳时间序列

1.3.5.1　平稳时间序列

时间序列的趋势项和季节项的预报是比较简单的，这是因为它们可以用非随机的函数进行刻画，分离出趋势项和季节项后的时间序列往往表现出某种平稳波动性，我们称这种时间序列为平稳序列，平稳序列的波动和独立的时间序列的波动有所不同。由于独立时间序列的数据独立，从而不会含有关于今后的信息，而平稳时间序列的历史数据与今后数据相关，这就使得利用历史样本预测将来成为可能。

1.3.5.2　非平稳时间序列

平稳时间序列均值为常数，自协方差与起点无关。而非平稳时间序列则不能满足该要求。一般的做法是将非平稳时间序列转化为平稳时间序列再进行分析。实际需要分析的时间序列多数为非平稳时间序列[28]。

1.3.6　时间序列预测

1.3.6.1　ARMA 模型

ARMA 模型的全称是自回归移动平均（auto regression moving average）模型，是目前最常用的拟合平稳序列的模型。它又可细分为 AR 模型（auto regression model）、MA 模型（moving average model）和 ARMA 模型（auto regression moving average model）三大类。

1.3.6.2　ARIMA 模型

ARIMA 模型又称自回归求和移动平均模型，当时间序列本身不是平稳的时候，如果它的增量，即一次差分稳定在零点附近，可以将其看成是平稳序列（如 ARMA）。在实际的问题中，所遇到的多数非平稳序列可以通过一次或多次差分后成为平稳时间序列。

1.3.6.3　状态空间模型

基本思想是在建模过程中利用差分将趋势项、周期项和平稳项分离，然后再利用 Kalman 滤波和 EM 算法估计参数。其优点是将趋势项和周期项也包括进来考虑，其建模过程大都是基于 ARIMA 模型向状态空间模型的转化技巧。

1.4　小波分析方法简介

小波（wavelets）是目前科学和工程技术研究中的一个热门话题。不同学科的研究专家对小波有不同的看法，迅速发展的小波技术在成长过程中受惠于物理学、计算机科学、信号和图像处理科学、数学和地球物理勘探等众多科学研究领域与工程技术应用领域的专家和工程师们的共同努力。小波虽然来自十分广泛的科学研究和工程应用领域，但它却起因于傅里叶变换分析。所以，介绍小波就得从傅里叶变换、Gabor 变换和加窗傅里叶变换开始[5,16]。

1.4.1 傅里叶分析

傅里叶分析是数学分析中的重要内容之一，它对数学家和其他研究领域的专家以及工程师都是相当重要的。从实用的观点来看，当人们考虑傅里叶分析的时候，通常是指积分傅里叶变换和傅里叶级数。

1.4.1.1 傅里叶级数

设 $f(x)$ 是以 2π 为周期的函数，且 $f(x) \in L^2(-\pi,\pi)$，则

$$\left\{ \frac{1}{\sqrt{2\pi}} e^{-inx} \right\}_{n=0,\pm1,\pm2,\cdots} \tag{1-8}$$

是 $L^2(-\pi,\pi)$ 的标准化正交基，则 $f(x)$ 可展开为

$$f(x) = \sum_n \hat{f}(n) e^{-inx} \tag{1-9}$$

其中

$$\hat{f}(n) = \frac{1}{2\pi} \int_{-\pi}^{\pi} f(x) e^{inx} dx \tag{1-10}$$

称为 $f(x)$ 的傅里叶级数，其中 n 为整数。

1.4.1.2 傅里叶变换

傅里叶级数是将信号分解为离散谱上函数的叠加，但是在对频率变化敏感的某些应用中，离散的频率信息显得太粗糙，傅里叶变换就是傅里叶级数在连续情况下的推广。

定义：函数 $f(x) \in L^1(R)$ 的傅里叶变换为

$$F(\omega) = \int_{-\infty}^{\infty} e^{-i\omega t} f(t) dt \tag{1-11}$$

$F(\omega)$ 的傅里叶逆变换定义为

$$f(t) = \frac{1}{2\pi} \int_{-\infty}^{\infty} e^{i\omega t} F(\omega) d\omega \tag{1-12}$$

傅里叶变换的物理意义为，如果 f 是一个能量有限的模拟信号，则 $(\hat{f})$ 是它的频谱，因此可以得到一个信号能量与频谱含量的比例

$$< f,f > = \frac{1}{2\pi} < \hat{f}, \hat{f} > \tag{1-13}$$

傅里叶变换存在的条件为$f(x)$在R上绝对可积，傅里叶变换把信号完全转换到频域进行分析，不但为了某一点频率的频谱需要计算过去和未来所有时间的信号，而且丢弃了时域的所有信号。对应非平稳信号，需要区分各种频率成分，而且需要每个时刻附近的频率成分，则傅里叶分析就显得比平稳信号难以处理。

1.4.1.3 加窗傅里叶变换

为了弥补傅里叶变换不能表达随时间变化的频率这个概念，提出了加窗傅里叶变换的概念，即提出一个可变时域-频域窗，使这个窗能体现频率的信息，这个加窗傅里叶分析也称"时间-频率分析"。

1.4.1.4 Gabor 变换

Gabor 变换是 D. Gabor 在 1946 年提出的，它继承了傅里叶变换所具有的"信号频谱"的物理解释，同时，它克服了傅里叶变换只能反映信号的整体特征而对信号的局部特征反映不敏感这一缺陷。首先介绍 Gaussian 函数，Gaussian 函数表达式为

$$g_a(t) = \frac{1}{2\sqrt{\pi a}}\,e^{-\frac{t^2}{4\pi}} \tag{1-14}$$

以 Gaussian 函数为窗的 Gabor 变换定义为

$$S(\omega,\tau) = \int_{-\infty}^{\infty} e^{-i\omega t}f(t)g_a(1-\tau)\,\mathrm{d}t \tag{1-15}$$

可见式 1-15 在傅里叶变换基础上，加上了 Gaussian 函数限制需要分解的函数时间。随着τ的变化，$g_a(1-\tau)$确定的时间窗在整个实数轴上移动，这样就可以对不同时段的信号逐一进行分析。

由于窗函数的时间窗和频率窗宽度的乘积最小值都是 2，由此说明在时间和频率两个空间不可能以任意精度逼近被测信息，因此在信号分析上，时间和频率的精度必须有所取舍，而小波分析为多分辨率下分解信号提供了可能。

1.4.2 小波分析原理

小波分析也就是小波变换，这个概念由法国从事石油信号处理的工程师 J. Morlet 于 1974 年提出。1986 年，法国大数学家 Y. Meyer 构造出了一个真正的小波基，并与 S. Mallat 合作建立了构造小波基的方法以及多尺度分析，由此推动了小波分析的快速发展。从小波分析的发展历史看，从 1807 年傅里叶提出傅里叶分析到 1910 年由 Haar 提出简单小波，一直到 1980 年后，Morlet、Meyer、Mallat、I. Daubechies、C. K. Chui 等科学家为该领域作出了不可磨灭的贡献。

小波，即小区域的波，是一种特殊的长度有限、平均值为 0 的波，它具有两个特点：一是在时域都具有紧支集或近似紧支集；二是正负交替的波动性。与傅里叶变换不同，小波倾向于不规则和不对称，小波分析可以将信号分解为一系列

小波函数的叠加，而这些小波函数都是由一个母小波函数经平移与尺度伸缩得来的[11]。

小波变换的定义为，将某一被称为基本小波（母小波）的函数 $\psi(t)$ 作位移 τ 后，在不同尺度 α 下与待分析的信号 $x(t)$ 进行内积

$$WT_x(\alpha,\tau) = \frac{1}{\sqrt{\alpha}}\int_{-\infty}^{\infty} x(t)\psi^*\left(\frac{t-\tau}{\alpha}\right)\mathrm{d}t, \alpha > 0 \tag{1-16}$$

等效的频域表示为：

$$WT_x(\alpha,\tau) = \frac{\sqrt{\alpha}}{2\pi}\int_{-\infty}^{\infty} X(\omega)\Psi^*(\alpha\omega)\mathrm{e}^{+j\omega\omega}\mathrm{d}\omega \tag{1-17}$$

式中，$X(\omega)$ 和 $\Psi(\omega)$ 分别为 $x(t)$、$\psi(t)$ 的傅里叶变换。可以这样理解，将小波比喻为放大镜，则用目镜观察目标 $x(t)$、$\psi(t)$ 代表镜头所起的作用，τ 相当于镜头相对于目标平移，α 的作用相当于镜头的推拉，由此可见，小波变换具有如下特点：

（1）多分辨率和多尺度特点；

（2）可以看作基本频率特性的带通滤波器在不同尺度下的信号滤波；

（3）恰当选择基小波，使 $\psi(t)$ 在时域上为有限支撑，$\Psi(\omega)$ 在频域上也比较集中，可以在时频域都有表征信号局部特征能力，因此有利于检测信号的瞬态或奇异点。

小波分析可以检测出许多其他分析所忽视的细小信号特征，如信号细小畸变、信号趋势、高阶不连续点、自相似性、高保真信号压缩和消噪，在二维情况下，小波分析除显微功能外，还有极化能力（方向选择性）。

小波分析作为一种数学理论和工程技术相结合，已经在多行业、多学科产生巨大影响，特别是信号处理、图像处理、模式识别、语音识别、量子物理、地震勘测、流体力学、CT 成像、机械状态监控、故障诊断、分形、数值计算等领域应用尤为广泛[6]。

1.4.3　小波分析的种类

1.4.3.1　一维连续小波变换

由于小波变换是求 $f(t)$ 在各个小波函数上的投影值多少，每个小波函数均由一个母小波函数经过尺度伸缩 α 与时间平移 τ 得来，因此小波变换可以用式 1-18 表达

$$C(Scale, time\_position) = \int f(\tau)\Psi(scale,\tau)\mathrm{d}\tau \tag{1-18}$$

将上面得到的每一个系数同相应经过伸缩和平移后的小波函数相乘并叠加就可以恢复原始信号。小波分析的一般思路就是分解和组合，寻找一组能代表信号特征的函数形式，将信号用这些量来逼近，或者是这些量的线性组合形式。小波

分析也可以用滤波器来描述，高分辨率相当于应用高通滤波器，低分辨率相当于应用低通滤波器。小波来源于伸缩和平移。

（1）尺度伸缩：波形尺度伸缩就是在时间轴上对信号进行压缩和伸展。

（2）时间平移：时间平移就是指小波函数在时间轴上的波形平行移动。

（3）尺度与频率的关系：尺度越大，表示小波函数在时间上越长，被分析的信号区间也越长，因此尺度越大意味着频率分辨率越低，获取的是信号低频部分。反之，尺度越小，意味着只与信号非常小的局部进行比较，获得的是高频特征。它们之间互相关系为：

1）小尺度 α→压缩的小波→快速变换的细节→高频部分；

2）大尺度 α→拉伸的小波→缓慢变换的粗部→低频部分。

1.4.3.2 离散小波变换

离散小波变换是建立在二进制小波变换的基础上的。离散小波变换的目的是避免小波系数计算的复杂性，减少工作量，同时又不失准确性。目前，常用的方法为将尺度按幂级数进行离散化，该方法是一个高效的离散方法，因为幂级数的小变化，将会引起非常大的变化，动态范围非常大。将时间位移也可以进行离散化，即沿时间轴以某间隔做均匀采样，这样仍然可以不丢失信息。

（1）一阶滤波：对应大部分信号来说，低频部分是有用的，因为低频信号往往体现了信号的特征。而高频部分则与噪声相关，将信号的高频部分滤除，信号的基本特征仍然可以保留。在信号分析中可以按照需要分别提取高频细节和低频近似。

（2）多尺度分解：小波分解可反复进行，信号的低频部分还可以被继续分解，这样就可以得到小波分解树，见图1-1。

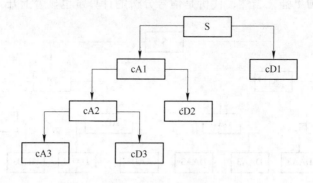

图 1-1　小波分解树

（3）小波重构：将小波分解成一个个互相正交的小波函数线性组合，可以展示信号的重要性。小波分析的这种功能可以在分析、比较、处理（如去噪）小波变换系数后，根据新得到系数去重构信号。这个过程称之为逆离散小波变换（IDWT），或小波重构、合成等。信号合成主要包括对小波变换系数的插值与滤波，正好与信号分解相反。

（4）重构滤波器：重构滤波器的类型对信号重构的质量非常关键，因此需要选择用于信号分析的合适的分解与重构滤波器。在信号分解与综合的过程中，由于存在抽取与插值，从而有信号频率混叠的可能性。必须选择合适的滤波器将这种混叠消除掉。低通分解滤波器、高通分解滤波器，以及相应的低通重构滤波器、高通重构滤波器，共同构成镜像滤波器组。

（5）重构粗略部分与细节部分：可以通过对信号经过分解滤波器后得到的系数进行重构，对信号进行重构。

（6）多尺度与重构：多尺度分解与重构基本与上述分解、重构一致，包括将信号分解成多层小波系数，然后对这些系数进行分析、处理，对得到的新系数进行多尺度重构。对系数进行处理的过程，其作用相当于滤波、消噪、加密等过程。

1.4.3.3 小波包分析

小波包是由小波分析延伸出来的一种对信号进行更加细致的分析与重构的方法。在小波分析中，信号被分解成低频的粗略部分与高频的细节部分，然后只对低频部分细节再进行第二次分解，再次分成低频和高频部分，而不对高频部分进行二次分解。依次类推得到分解系数序列，即小波分解系数。例如

$$S = A1 + D1 = A2 + D2 + D1 = A3 + D3 + D2 + D1$$

小波包不但对低频部分进行分解，而且对高频部分也作二次分解。例如

$$S = A1 + AAD3 + DAD3 + DD2$$

小波包的主要特点是小波包可以对信号的高频部分进行更加细致的分析，对信号的分析能力更强，当然，代价是信号分析的计算量也显著上升，见图1-2。

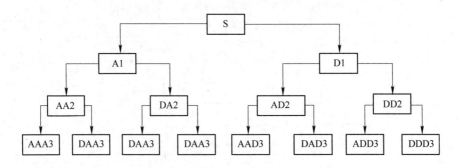

图 1-2 小波包分析——高频分解

1.4.4 常用小波函数

在 Matlab 命令行使用 wavemngr（'read', 1）命令，可以显示 Matlab 小波工具箱中所有的小波。

2 传统铁矿石取样及其品位波动评定方法

对于铁矿石取制样及其品位波动评定标准的采用，目前大多数国家采纳 ISO3082、ISO3084，有些国家根据 ISO3081、ISO3082、ISO3083、ISO3084 等同或等效制定自己国家的标准。本章以 ISO3082、ISO3084 第 3 版为基础，介绍铁矿石取样及其品位波动评定方法[38,43~46]。

2.1 铁矿石取样前的准备工作

2.1.1 基本要求

铁矿石交货批中所有矿石都应有同等机会被采取，并能成为副样或大样的一部分，因此，取样位置最好位于带式输送机之间的转运点，该转运点能方便地以固定间隔截取到矿石流的全截面。

由于条件的限制和取样机会的不均等，目前国际标准已不允许在货船、料堆、容器和料仓上就地取样（对于铁精矿粉，如果用专门取样设备，例如针形取样器或螺旋钎子在选取的取样点能穿透精矿粉层整个厚度并取出全精矿粉柱时，才允许从静止的场所如货车现场取样）。唯一有效的方法是当矿石从货船、料堆、容器或料仓输入输出时，从带式输送机取样。

如果品质和数量没有周期性波动而产生偏差，应按定量或定时随机取样法取样，否者，应在定量或定时间隔内，进行分层随机取样。在取样过程中也可采用二级随机取样（多用于明显分装），以减少取样成本。所定的取制样方法应使偏差最小化和满足良好的总精密度。

为使水分变化最小化，水分样品的处理应尽可能地快，否则，样品应贮存在较小的密闭容器中，如需制样则应尽快制备。

2.1.2 制定取样流程

取样流程包括：确定待取样的交货批；确定公称最大粒度；根据公称最大粒度、矿石输送设备和取份样的设备确定份样的质量；规定所需的精密度；确定交货批的品质波动种类；确定一次份样的最小个数；确定取样间隔，定量或定时；确定取样位置和份样采取方法；在整个交货批输送期间，以确定的间隔采取份样，如用定量取样，则份样质量须基本保持一致，如用定时取样，份样质量与取样时矿石流量成正比；确定样品是分用还是重用；确定将份样组成大样或副样的方法；确定制样程序，包括缩分、破碎、混合和干燥；必要时破碎样品，但粒度样品除外；必要时干燥样品，但水分样品除外；按给定最大公称粒度的最小缩分质量缩分该样品，定量取样采用定量或定比缩分，定时取样采用定比缩分；制备试样。

2.1.3　系统校核

　　停带取样法是取样的参比方法，机械和手工取样方法可与之对比，按校核取样偏差的方法来确定是否存在显著偏差。在进行偏差试验前，首先要检查取样和制样系统，确认其是否符合标准中规定的正确设计原则。检查在装载、卸载过程中，是否会产生周期性品质波动，这些波动指粒度分布和水分含量等品质特性。如果发生周期性波动，应调查波动的来源，以确定消除这些波动。否则应进行分层随机取样。所以，取样系统应按照便于定期校核的原则来设计和建设，也应按评定品质波动和校核取样精密度方法来设计和建设，定期检查品质波动的变化，并校核取样、制样和分析的精密度，尤其对新的取样系统或系统有重大改变时更应如此。

2.2　铁矿石取样

2.2.1　取样的基本原则

　　偏差最小化：取样和制样偏差最小化非常重要。精密度可以采取尽可能多的份样或重复测定来改善，但偏差则不能。因此，偏差最小化或偏差消除，应该比改善精密度更为重要。有些偏差源通过正确设计取样和制样系统就可以完全消除，而有些偏差源可以最小化，但不能完全消除。

　　颗粒破损最小：粒度测定样品颗粒破损最小，对降低粒度测定偏差极为重要。防止颗粒破损必须保持自由落差最小。

　　份样的采取：从交货批采取份样，不管颗粒的大小、质量或密度如何，必须使矿石所有部分都有同等的机会被采取；否则，就容易产生偏差。这就需要取样和制样系统的设计须满足下列的要求：从移动矿石流取样时，应采取矿石流的全截面；切割式取样机的开口度，至少为矿石最大粒度的 3 倍，对一次取样来说，不小于 30mm，一次取样阶段以后的取样，应不小于 10mm，两者均应选其大的开口度；取样机的速度不应大于 0.6m/s，除非截取口开口度相应增大；取样机应匀速通过矿石流，截取机的前后两槽缘应完全通过矿石流的横截面；取样机的截取口边缘对直道式取样机应平行，对旋转式取样机应呈辐射状，且保持截取口不损坏；应避免水分含量改变、粉尘损失和样品污染；矿石的自由落差应保持最小，以减少矿石粒度破坏，使粒度分布的偏差最小；一次取样机应安装在尽可能靠近装载或卸载点，使粒度破坏的影响减到最小；如果在货车中对铁精矿粉采样时，应采取整个精矿粉料柱；设计的取样系统应能适应矿石最大的公称粒度和流量的需要，取样和制样系统详细的设计要求可见相关标准的相关章节。

2.2.2 份样质量

可以通过计算获得无偏差样品所需的份样质量，同时通过对比计算质量和实际份样质量，可以验证校核取样系统的设计和操作的有效性，如果差别显著，就应找出原因并采取改正措施加以纠正。

2.2.2.1 下落矿石流取样的份样质量

用截取型一次取样机从带式输送机卸料端的矿石流取样（机械或手工），份样质量 m_1(kg)用下式计算

$$m_1 = \frac{ql_1}{3.6v_c} \tag{2-1}$$

式中 q——带式输送机上矿石的流量，t/h；

l_1——一次取样机截取口开口度，m；

v_c——一次取样机截取速度，m/s。

实际上，在块矿的情况下，截取口开口度必须超过矿石最大粒度的 3 倍。

2.2.2.2 停带取样的份样质量

从停止的输送带上手工采取份样的质量 m_1(kg)，等于输送带上（长度为 l_2）矿石全截面的质量，其计算公式为

$$m_1 = \frac{ql_2}{3600v_b} \tag{2-2}$$

式中 q——带式输送机上矿石的流量，t/h；

v_b——带式输送机的速度，m/s。

从输送带上矿石流截取最小长度，即 $3d$，取的矿石所得到的最小份样质量仍能避免偏差，这里 d 是矿石公称最大粒度（mm），最小为 10mm。

2.2.2.3 用针形取样器或螺旋钎子手工取样的份样质量

从交货批的每辆货车上用直径为 l_3(mm)的针形取样器或螺旋钎子采取份样的质量 m_1(kg)，用下式计算

$$m_1 = \frac{\pi\rho l_3^2 L}{4000} \tag{2-3}$$

式中 ρ——铁精矿粉（粒度小于 1mm）的堆密度，t/m³；

L——货车中铁精矿粉的深度，m。

用针形取样器或螺旋钎子的最小直径，即 30mm 所确定的最小份样质量，仍能避免偏差。这个方法只适用于铁精矿粉取样。

2.2.3 份样个数

当 σ_w 值已知时，要求取样精密度为 β_s 的份样的个数 n_1 计算如下

$$n_1 = \left(\frac{2\sigma_w}{\beta_s}\right)^2 \qquad (2\text{-}4)$$

这是确定份样个数较适宜的方法。但是，如果 σ_w 值根据品质波动分为大、中、小时，则可用表 2-1 中规定的取样精密度的要求，得到所需最小份样个数。表 2-1 中，对交货批较小的取样精密度稍有增加，这是在取样费用和交货批量不精确之间作为一个折中的处理方法。份样的最小个数最好用式 2-4 确定，但也可以利用表 2-1 确定。

表 2-1 要求的取样精密度 β_s、所需要最小份样个数 n_1 的示例

交货批的质量 /kt		取样精密度（β_s）						一次份样的个数（n_1）		
>	≤	Fe、SiO$_2$ 或水分 含量/%	Al$_2$O$_3$ 含量/%	P 含量 /%	−200mm 或 −50mm 矿石， −10mm 粒级	−31.5mm， −6.3mm 粒级，烧结料， +6.3mm 粒级	球团料， −45μm 粒级， 球团矿， −6.3mm 粒级	品质波动		
								大（L）	中（M）	小（S）
270		0.31	0.09	0.0018	1.55	0.77	0.47	260	130	65
210	270	0.32	0.09	0.0019	1.61	0.80	0.48	240	120	60
150	210	0.34	0.10	0.0020	1.69	0.84	0.51	220	110	55
100	150	0.35	0.10	0.0021	1.77	0.88	0.53	200	100	50
70	100	0.37	0.11	0.0022	1.86	0.92	0.56	180	90	45
45	70	0.39	0.11	0.0023	1.98	0.98	0.59	160	80	40
30	45	0.42	0.12	0.0025	2.11	1.05	0.63	140	70	35
15	30	0.45	0.13	0.0027	2.28	1.13	0.68	120	60	30
0	15	0.50	0.14	0.0030	2.50	1.24	0.75	100	50	25

注：n_1 的值增加或减少可以改变取样精密度。例如，假设份样的个数为 $2n_1$，则 β_s 会改善为原值的 $1/\sqrt{2} = 0.71$ 倍；如果粉样个数为 $n_1/2$，则 β_s 会恶化，为原值的 $\sqrt{2} = 1.4$ 倍。

2.2.4 取样间隔

定量取样各份样间的质量间隔 $\Delta m(\text{t})$ 应用下列公式计算

$$\Delta m \leqslant \frac{m_L}{n_1} \qquad (2\text{-}5)$$

式中　m_L——交货批的质量，t；

　　　n_1——一次份样的个数。

选取的质量间隔应小于上面计算的值，以保证最小的份样个数大于按表 2-1 或式 2-4 确定的个数。

定时取样份样间的时间间隔 $\Delta t(\min)$ 应按下式计算

$$\Delta m \leqslant \frac{60 m_L}{q_{\max} n_1} \tag{2-6}$$

式中　m_L——交货批的质量，t；

　　　$q_{\max}$——带式输送机上矿石的最大流量，t/h；

　　　n_1——一次份样的个数。

选取的质量间隔应小于上面计算的值，以保证最小的一次份样个数大于按表 2-1 或式 2-4 确定的个数。

如果计算的样品质量小于试验（粒度测定、物理试验等）所需的质量时，应缩短取样间隔。如果装置发生故障或事故时，应立即用手工取样方法取代机械操作，手工采取的样品应与机械采取的样品分开处理。应注意在装载取样后和卸载取样前，交货批品质不应改变。在货物上喷水降尘或从交货批中除去水分时，都应按相关标准校正水分。

2.3　品位波动评定方法

一交货批采取份样的个数取决于取样精密度和待取样矿石的品质波动。因此，在确定份样个数之前，必须确定取样精密度 β_s 和待取样矿石的品质波动 σ_w。

如果取样装置里含在线制样设备，取样和制样的界限难以区分，则在线制样的精密度可包括在取样精密度内，或包括在制样精密度内，制样也是组成取样的一个过程。如果能从一次取样精密度中方便地区别出二次和三次取样精密度，则可以把取样标准偏差分成每个取样阶段的分量，用这个方法可以分别确定和优化每个取样阶段的精密度，从而使取样和制样方法全面优化。β_s 值可从校核取样精密度相关标准中求得。

品质波动 σ_w 是交货批不均匀性的一个量度，是定量系统取样的层内份样品质特性的标准偏差，选作测定品质波动特性的项目包括铁、二氧化硅、三氧化二铝、磷、水分含量及某给定粒级的百分数。对各种类型或品种的铁矿石，σ_w 值可按评定品质波动的规定，在各种运行设备正常操作条件下实验测定求得。然后，根据求得的铁矿石品质波动的大小按表 2-2 中的规定分为大、中、小三类。凡品质波动不明的矿石，品质波动都按"大"考虑。在这种情况下，应尽早按评定品质波动相关标准进行测定以确定品质波动。

表2-2 品位波动的分类（绝对百分值）

品 质 特 性		品 质 波 动 的 分 类		
		大	中	小
铁含量		$\sigma_w > 2.0$	$2.0 > \sigma_w \geqslant 1.5$	$\sigma_w < 1.5$
二氧化硅含量		$\sigma_w > 2.0$	$2.0 > \sigma_w \geqslant 1.5$	$\sigma_w < 1.5$
三氧化二铝含量		$\sigma_w > 0.6$	$0.6 > \sigma_w < 0.4$	$\sigma_w 0.4$
磷含量		$\sigma_w \geqslant 0.012$	$0.012 > \sigma_w \geqslant 0.009$	$\sigma_w < 0.009$
水分含量		$\sigma_w \geqslant 2.0$	$2.0 > \sigma_w \geqslant 1.5$	$\sigma_w < 1.5$
矿石粒度 - 200mm	-10mm 粒级平均20%	$\sigma_w \geqslant 10$	$10 > \sigma_w \geqslant 7.5$	$\sigma_w < 7.5$
矿石粒度 - 50 mm				
矿石粒度 - 31.5 +6.3mm	-6.3mm 粒级平均10%	$\sigma_w \geqslant 5$	$5 > \sigma_w \geqslant 3.75$	$\sigma_w < 3.75$
烧结料粒度	+6.3mm 粒级平均10%			
球团料粒度	-45μm 粒级平均70%	$\sigma_w \geqslant 3$	$3 < \sigma_w \geqslant 2.25$	$\sigma_w < 2.25$
球团矿粒度	-6.3mm 粒级平均5%			

　　无论机械取样还是手工取样，都需要确定交货批铁矿石的品质波动。对于设计的取样系统优劣可通过校核取样偏差和精密度加以说明。因此，ISO 和许多国家出版的本国铁矿石取样标准都配套系列标准，品位波动、取样精密度和偏差试验方法是必不可少的。

　　以 ISO3084 为例，可用两种不同的方法进行品质波动评定。第一种方法是把所取的份样交替合并组成若干对的副样并进行分析；第二种方法是采取和分析各个份样，然后采用变量法分析数据。用交替副样法的工作量较少，但采用变量法能更好地估计取样偏差。铁矿石的品质波动以标准偏差来表示。由层内采取的各份样间品质特性的标准偏差用 σ_w 表示，它是以估计交替副样间的偏差，或以测定各个份样以及按变量法扣除制样和测定偏差的直线截距和斜率来确定的。两种情况都要作制样和测定偏差修正，制样和测定偏差必须在确定品质波动实验时同时确定。

2.3.1 采用交替副样评定品质波动

　　交替副样应按以下步骤组成：按采样的顺序给每个交货批或交货批部分的份样编顺序号；由每个交货批或交货批部分的连续奇数号份样（以副样 A_i 表示）和连续偶数号份样（以副样 B_i 表示）组成一对交替副样；每次试验，都要制备 n 组成对交替副样；每个交替副样应由两个或两个以上的份样组成。应由交替副样 A_i 和 B_i 分别制备试样。试样按需要可作为化学分析、水分测定、粒度测定或物理试验用。

　　从一个或数个交货批采取份样的个数可以和日常取样选取的个数相同。但当日常取样是按品质波动类别"小"时，且份样的个数不足以获得可靠的标准偏差时，则应增加份样的个数。

有四种试验类型：

（1）如果是经常到港的交货批，品质波动可由质量大致相等的许多交货批按两种方法确定：1）分别处理每个交货批；2）每个交货批组成一对交替副样。份样的个数 n_1 应按 ISO 3082 选取，每个交货批应组成一对交替副样。试样的制备和测定可以按 1 个交货批 = 1 部分进行。

（2）如果不是经常到港的大交货批，品质波动可由单一的交货批按两种方法确定：1）将此交货批至少划分成质量大致相等的 10 个部分；2）把每部分采取的份样合并组成每部分的一对交替副样。份样的个数 n_1 应按 ISO 3082 确定，至少应组成 10 对交替副样。试样的制备和测定可以按 1 个交货批（以分成 10 个部分）为单位。

（3）如果是经常到港的小交货批，品质波动可由质量大致相等的若干交货批按两种方法确定：1）把涉及的全部交货批至少划分成质量大致相等的 10 个部分；2）把从每部分采取的份样合并组成一对交替副样。每个交货批应按 ISO 3082 采取份样的个数 n_1。每交货批应分为若干层，从每层中采取的份样应合成一对交替副样。试样的制备和测定可以按几个交货批（以 3 个交货批分成 12 个部分）取样。

（4）如果是从车载交货批取样或者是从交货批的全部货车中采取份样，可将取样方法看作是分层取样。当交货批是经常到港的交货批时，确定品质波动的程序如下：1）分别处理每个交货批；2）每个交货批组成一对交替副样。由每个交货批采取的份样个数 n_1 应由 ISO 3082 相关图表来确定，由每个货车采取的份样个数 n_w 应按 ISO 3082 确定。如果个数是奇数，应增加 1 个使之为偶数。每个交货批应组成一对交替副样。试样的制备和测定可以按车载交货批的分层取样法取样。

因为试验次数少时，很难将层内品质特性的标准偏差估计的精确，故推荐最少试验次数为：在（2）、（3）试验情况下，至少应单独试验 5 次；在（1）、（4）试验情况下，至少应单独试验 10 次。

层内标准偏差的计算：将各个试样的化学分析、水分测定、粒度测定或物理试验所得到的实验数据记录下来。

成对测定的极差 R_i 用式 2-7 计算

$$R_i = |A_i - B_i| \tag{2-7}$$

式中　A_i——由交替副样 A_i 制备试样测定的品质特性（如 Fe%）；

　　　B_i——由和交替副样 A_i 成对的副样 B_i 制备的试样测定的品质特性；

　　　i——下标指每交货批交替副样部分。

极差 R_i 的平均值计算如式 2-8。

$$\overline{R} = \frac{1}{n_4} \sum R_i \qquad (2\text{-}8)$$

式中 n_4——极差 R_i 的个数，相同于试验中交货批的部分数。

每部分成对测定的平均值 $\overline{X}$ 用公式 2-9 计算

$$\overline{X}_i = \frac{1}{2}(A_i - B_i) \qquad (2\text{-}9)$$

计算估计层内标准偏差用公式 2-10

$$\hat{\sigma}_w = \sqrt{n_5 \frac{\overline{R}}{d_2}} \qquad (2\text{-}10)$$

式中 n_5——包含在每个交替副样 A_i 或 B_i 中的份样个数；

d_2——极差估计标准偏差的系数，成对数据时 $1/d_2 = 0.8862$。

在（3）试验情况下，第 j 交货批品质特性的平均值 $\overline{X}_j$ 可由式 2-11 得到

$$\overline{X}_j = \frac{1}{n_6} \sum X_{ji} \qquad (2\text{-}11)$$

式中 X_{ji}——j 交货批中每部分成对测定的平均值；

n_6——交货批中的部分数。

由式 2-10 得到的层内估计标准偏差 $\hat{\sigma}_w$ 是取样、制样和测定的总标准偏差。当 $\hat{\sigma}_w$ 过高估计时，可以采用分类值（见表 2-2）。

如果想得到层内标准偏差的无偏差估计，而且 $\hat{\sigma}_p$ 代表的制样标准偏差、$\hat{\sigma}_w$ 代表的测定标准偏差均已知时，则层内估计标准偏差 $\hat{\sigma}_w$ 应用式 2-12 计算

$$\hat{\sigma}_w = \sqrt{n_5 \left[\left(\frac{\overline{R}}{d_2} \right)^2 - \hat{\sigma}_p^2 - \hat{\sigma}_m^2 \right]} \qquad (2\text{-}12)$$

如果是按上述方法确定份样的个数，而且采取了那些份样，则包含在每个副样中的份样个数差异一定很小。如果差异等于或小于 10%，则 n_5 的平均值可以近似地应用于式 2-10 和式 2-12。

结果的表示：

对于（2）、（3）试验，由一系列试验所得特定铁矿石及取制样装置的计算层内标准偏差估计平均值 $\overline{\hat{\sigma}}_w$ 应以全部 $\hat{\sigma}_w^2$ 测定值的平均值的平方根作为结果，即

$$\overline{\hat{\sigma}}_w = \sqrt{\frac{1}{n_7} \sum \hat{\sigma}_w^2} \qquad (2\text{-}13)$$

式中 n_7——各个值的个数。

对于（1）、（4）试验，由式 2-10 或式 2-12 得到的 $\hat{\sigma}_w$ 值，应以特定铁矿石

和取制样装置的层内估计标准偏差作为结果。

2.3.2 采用变量法评定品质波动

变量法用于在不同的质量间隔（或称滞后间隔）情况下检查份样间的差异。采用此方法，要采取大量的连续份样 n（20~40 个），并要制备和测试双样。对应于一个滞后间隔 k，份样的变量法的值 $V_E(t)$ 由式 2-14 得出

$$V_E(t) = \frac{\sum\limits_{i=1}^{N_k} \left[\overline{X}_{i+k} - \overline{X}_i \right]^2}{2N_k} \tag{2-14}$$

$$t = k\Delta t$$

式中　Δt——以时间或质量为单位的取样间隔，取决于采用定时或定量 $\overline{X}_{i+k}$ 取样法；

N_k——以滞后间隔 k 分开的份样的对数，$N_k = n - k$；

$\overline{X}_{i+k}$——份样 $i+k$ 两个测定值的平均值；

$\overline{X}_i$——份样 i 两个测定值的平均值。

作为变量法结果的 $V_E(t)$，称为"实验的"变量法，它包括制样、测定和取样偏差。采取的份样要制备和测定双样，按规定的方法由测定的极差平均值来确定制样和测定偏差。这样确定的制样和测定偏差和的一半，即 $\hat{\sigma}_{PM}^2/2$，从每个滞后间隔计算的 $V_E(t)$ 值中减去，求得"修正的"变量法 $V_C(t)$ 值，它只能提供取样偏差的信息。

滞后间隔有时以一个整数表示，是取样间隔 Δt 的倍数。于是变量法的 $V_C(k\Delta t)$ 可以当作 V_k，为定变量法的值并使用它。取样间隔并不需要相同，因此，以时间或质量为单位表示滞后间隔是重要的，如果 Δt 可以改变，则变量法表示为连续滞后间隔的一个函数。

在大多数情况下，从范围很小的 k 值到至少两倍的份样间隔，发现变量法的值实际上近似于直线。因此，可以假定

$$V_C(t) = V_0 + Bt \tag{2-15}$$

式中　V_0——修正变量法值的随机偏差；

B——变量法的斜率（或倾斜度）。

估计取样偏差值 $\hat{\sigma}_s^2$ 计算如下：

（1）系统取样

$$\hat{\sigma}_s^2 = \frac{V_0}{n} + \frac{BT}{6n^2} \tag{2-16}$$

（2）分层随机取样

$$\hat{\sigma}_s^2 = \frac{V_0}{n} + \frac{BT}{3n^2} \tag{2-17}$$

(3) 随机取样

$$\hat{\sigma}_s^2 = \frac{V_0}{n} + \frac{BT}{3n} \tag{2-18}$$

式中　T——交货批的总吨数（定量取样），或进行取样时总的时间间隔 $n\Delta t$（定时取样）。

估计取样偏差依所选择的取样方案而定，随机取样精密度最差。如果没有周期性的品质波动时，系统取样比分层随机取样精密度高。

假定采用系统取样，简化的变量法符合变量法头两点的一条直线为

$$V_0 = 2V_1 + V_2 \tag{2-19}$$

$$B = (V_2 - V_1) / \Delta t \tag{2-20}$$

式中　V_1——以滞后间隔 1 的变量法，$V_1 = V_c(\Delta t)$；

　　　V_2——以滞后间隔 2 的变量法，$V_2 = V_c(2\Delta t)$。

正常情况下，通过 V_1 和 V_2 的直线斜率将为正值或零（$B \geqslant 0$），因此从式 2-19 得到的 V_0 值应小于或等于 V_1。但是，如果直线为负斜率（$B < 0$），并且 $V_0 > V_1$，则设 $V_0 = V_1$ 和 $B = 0$。

变量法与品质波动间的关系为用变量法确定的连续取样的取样间隔 Δt 代替 T/n，系统取样的公式 2-15 变为

$$\hat{\sigma}_s^2 = \frac{V_0}{n} + \frac{B\Delta t}{6n} \tag{2-21}$$

估计取样偏差 $\hat{\sigma}_s^2$ 和估计品质波动 $\hat{\sigma}_w^2$ 间的关系如下

$$\hat{\sigma}_s^2 = \hat{\sigma}_w^2 / 2 \tag{2-22}$$

结合式 2-21 和式 2-22 得出变量法估计的 $\hat{\sigma}_w^2$ 如下

$$\hat{\sigma}_w^2 = V_0 + \frac{B\Delta t}{6} \tag{2-23}$$

于是

$$\hat{\sigma}_w = \sqrt{V_0 + \frac{B\Delta t}{6}} \tag{2-24}$$

式 2-24 可以计算任何取样间隔 Δt 的估计品质波动 $\hat{\sigma}_w$。而且用式 2-22 可以确定相应的取样精密度 $\hat{\sigma}_s$。同交替副样方法相反，$\hat{\sigma}_w$ 不是假定为一个常数，它的值随取样层的大小而定，即取决于 Δt。

用简化变量法中的公式能确定任何取样间隔的取样精密度，但计算达到理想

取样精密度所需要份样的个数却是不简单的，份样个数必须用如下逐步逼近法确定：对计划的份样个数用公式 2-24 计算 $\hat{\sigma}_w$；用式 2-22 计算取样精密度 $\hat{\sigma}_s$；将计算精密度与理想值比较；增加或减少份样的个数，并重复上述的步骤，直至计算的取样精密度达到理想的值。铁矿石品质波动应选定有关取样章节中表 1-2 规定的三个类别中的一个，这是根据一系列调查得到的标准偏差实验确定的。品质波动可由相关因素的变化而改变，如：（1）一个矿山矿体；（2）采矿方法；（3）选矿方法；（4）堆积和采取的方法；（5）装/卸的方法；（6）交货批的质量。因此，任何矿石的品质波动都应经常校核以确定上述变化的影响。

3 进口铁矿石品质信息数据仓库建设及其数据挖掘

随着计算机技术的发展，数据积累急剧增长，为利用积累的大数据进行知识再发现创造了条件。数据仓库和数据挖掘是近几年来发展迅速的大数据信息化技术，也是知识再发现的最有效手段。20世纪国内开始大规模进口铁矿石以来，一些口岸进口铁矿石检验的机构也逐渐积累了许多宝贵的品质信息资源，但这些信息资源是凌乱的、甚至是跨越不同数据库的。进口铁矿品质的数据仓库建设就是利用检验检疫系统的信息优势，通过相关的数据挖掘技术建立进口铁矿石品质信息收集方式，为进口铁矿石检验和国家相关政策法规的出台提供技术支持，为国内钢铁企业了解进口铁矿石的质量特性而有选择性地采购进口铁矿石提供重要的技术参考，为国外供货商改进工艺提高铁矿石质量提供对比数据。本章的研究内容主要是为包括时间序列小波分析品位波动确认在内的数据挖掘提供信息化情报技术支持。

3.1 铁矿石数据仓库建设

3.1.1 铁矿石数据仓库建设的意义

数据仓库是面向主题的、集成的、稳定的、随时间不断变化的数据集合，数据挖掘就是从大量的数据中挖掘出新的知识。铁矿石是一种涉及国计民生的极其重要的战略性资源，其质量优劣直接关系到我国钢铁工业的健康发展，也关系到国家经济建设和宏观调控。我国的铁矿资源多为贫杂矿，需要花大量人力、财力进行精选，而多数进口铁矿为高品位富矿。自我国于20世纪七八十年代开始进口铁矿石始，至近几年进口量迅速飙升，目前我国铁矿石进口量已为世界第一，进口依赖度超过50%。但在进口铁矿石价格持续上涨的同时，其质量却难以得到保障。近几年多数口岸的进口铁矿石不合格率超过60%，以废充好，掺杂使假，有毒有害元素超常的现象屡屡发生。在国务院"关于加强铁矿石进口协调和管理，整顿和规范铁矿石经营秩序"的总体要求下，按照质检总局"质量和安全年"活动要求和全国检验监管工作会议的统一部署，进一步完善进口铁矿石质量管理体系，提高监管的针对性和有效性，切实加强质量综合分析和风险监管，提高决策支持和风险防范水平，严防各类欺诈行为发生，有效地维护国内钢铁企业的权益。为此需要构建信息平台。各地检验机构现有的进口铁矿石质量监控手段基本为批批检验，大量检验数据和检验结果在完成出证和年度质量分析后作为档案库存，没有被进一步深度挖掘利用，因此未能形成基础性的综合质量数据仓库和数据挖掘方式以支撑风险分析和管理，并科学地调整检验监管的方式。在进口铁矿石贸易中，我国常处于较为被动的地位，使国家经济利益得不到应有的保障、国内企业遭受较大的损失。为此，通过进口铁矿石质量数据仓库建设，通过数据挖掘技术为不同类型的用户提供风险分析和实时预警，以防止贸易欺诈，维护国家经济安全，从而为国家制定进口铁矿石相关政策提供决策支持，为国内钢铁企业选购进口铁矿石提供质量信息，为进口铁矿石检验技术的发展提供必要的基础。积极营造数据文化，提高数据意识，是质检系统行政执法技术保障的重要建设方向。

3.1.2 进口铁矿石品质信息数据仓库基本原理

3.1.2.1 概述

数据仓库（data warehouse，DW）是一种环境，不是一种产品。它包括电子邮件文档、语音文档、CD-ROM、多媒体信息以及还未考虑到的数据。数据仓库中的数据并非是最新的、专有的，而是来源于其他的数据库。数据仓库的建立并不是要取代原有的数据库，而是建立在一个较全面、完善的信息应用的基础上，用于支持高层决策分析[17]。

数据仓库是提供用户用于决策支持的当前的和历史的数据，这些数据在传统的操作型数据库中很难或不能得到。传统的数据库系统面向以事务处理为主的联机处理系统的应用，不能满足决策支持系统（decision sustain system，DSS）的分析要求。事务处理和分析处理具有不相同的性质，因而两者对数据也有着不同的要求。操作型数据与分析型数据之间的区别如表3-1所示。

表3-1 操作型数据与分析型数据的区别

操作型数据	分析型数据
细节的	综合的或提炼的
在存取瞬间是准确的	代表过去的数据
可更新	不更新
操作需求事先可知道	操作需求事先不知道
生命周期符合软件生命周期	完全不同的生命周期
对性能要求高	对性能要求宽松
一个时刻操作一单元	一个时刻操作一集合
事务驱动	分析驱动
面向应用	面向分析
一次操作数据量小	一次操作数据量大
支持日常操作	支持管理需求

上述操作型数据与分析型数据之间的差别从根本上体现了事务处理与分析处理的差异。传统的数据库系统主要用于企业的日常事务处理工作，存放在数据库中的数据为操作型数据的特点。而为适应数据分析处理要求而产生的数据仓库中所存放的数据为分析型的数据。数据仓库数据的 4 个基本特征是：数据仓库的数据是面向主题的、数据仓库的数据是集成的、数据仓库的数据是不可更新的、数据仓库的数据是随时间不断变化的。

A 数据仓库的数据是面向主题的

传统数据库是面向应用的，为每个单独的应用程序组织数据。数据仓库中的数据是面向主题进行组织的；面向主题性是数据仓库中数据组织的基本原则，数据仓库中的所有数据都是围绕着某一主题组织、展开的。主题是一个抽象的概念，是在较高层次上将用户信息系统中的数据综合、归类并进行分析利用，在逻辑关系上，它对应用户中某一宏观分析领域所涉及的分析对象。面向主题的数据组织方式，就是在较高层次上对分析对象数据的一个完整、一致的描述，能完整、统一地刻画各个分析对象所涉及的用户各项数据，以及数据之间的联系。数据仓库的创建、使用都是围绕主题实现的。因此，必须了解如何按照决策分析来抽取主题，在划分主题时必须保证每个主题的独立性，每一个主题要具有独立的内涵、明确的界限。在划分主题时需要保证对主题进行分析时所需的数据都可以在此主题内找到，保证主题的完整性。确定主题以后，需要确定主题应该包含的数据，此时应该注意不能将围绕主题的数据与业务处理系统的数据相混淆。目前数据仓库仍是采用关系数据库技术来实现的，也就是说数据仓库的数据最终也表现为关系。

B 数据仓库的数据是集成的

数据仓库的数据是从原有分散的数据库、数据文件和数据段中抽取来的，数据来源可能既有内部数据又有外部数据。面向应用的数据与面向主题的数据之间差别很大。因此，在数据进入数据仓库之前，必须要经过转换、统一与综合，即需要统一源数据，这一步是数据仓库建设中最关键、最复杂的一步。统一源数据的内容包括：（1）命名规则；（2）编码；（3）数据特征；（4）度量单位。另外还要综合和计算。许多情况下，在从原有数据库抽取数据生成数据仓库时，并不仅仅是原封不动地复制过来，而需要进行综合和计算。数据仓库中的数据综合工作可以在从原有数据库抽取数据时生成，但许多是在数据仓库内部生成的，即进入数据仓库以后进行综合生成的。

C 数据仓库的数据是不可更新的

从操作型系统中提取的数据和从外部数据源中提取的数据，在数据仓库中被转换、综合并存储，数据仓库的数据主要供企业决策分析之用，不是用来进行日常操作，一般只保存过去的数据，而且不是随着源数据的变化实时更新，数据仓库中的数据一般不再修改。所涉及数据操作主要是数据查询，只定期进行数据加载、数据追加，一般情况下并不进行修改操作。由于数据仓库的数据是不可更新的，因此也称其为具有非易失性或非易变性。这种不可更新性可以支持不同的用户在不同的时间查询相同的问题时获得相同的结果。

D 数据仓库的数据是随时间不断变化的

数据仓库的数据随时间变化。数据仓库中的数据不可更新是针对应用来说的，即数据仓库的用户进行分析处理时是不进行数据更新操作的。但并不是说，在从数据集成输入数据仓库开始到最终被删除的整个数据生存周期中，所有的数据仓库数据都是永远不变的。数据仓库的数据随时间的不断变化主要体现在数据仓库随时间变化不断增加新的数据内容，删去旧的数据内容，数据仓库中所包含的综合数据经常按照时间段进行综合，隔一定时间以标明数据的历史时期。数据仓库追加数据也是一项十分重要的技术。明确哪些数据是在上一次追加过程之后新生成的，这项工作称为变化数据的捕捉，常用方法有：（1）时标方法；（2）DELTA 文件，DELTA 文件是由应用生成的，记录了应用改变的所有内容；（3）前后映像文件的方法，将抽取数据到数据仓库单独保存，在下一次抽取数据库数据时，对数据库再作一次快照，比较前后两幅快照的不同，从而确定实现数据仓库追加的数据；（4）日志文件。

传统数据库在联机事物处理中取得了较大的成功，但在基于事物处理的数据库帮助决策分析时却产生了很大的困难。主要原因是传统数据库的处理方式和决策分析中的数据需求不相称，导致传统数据库无法支持决策分析活动。这些不相称主要体现在决策处理的响应较慢、决策数据需求得不到满足、决策数据操作不能满足用户的需求等。从数据存储内容看，数据库只存放当前值，而数据仓库则存放历史值；数据库中数据的目标是面向业务操作人员的，而数据仓库则是面向中高层管理人员；数据库中的数据结构比较复杂，有各种结构以适合业务处理系统的需要，而数据仓库中数据的结构则相对简单；数据库中数据访问频率较高但访问量较少，而数据仓库的访问频率较低但访问量却高；数据库在访问数据时要求响应速度快，而数据仓库的响应时间则可长达数小时。

数据仓库是一种环境，而不是一件产品，是提供用户用于决策支持的当前及其历史数据，这些数据在传统的操作型数据库中很难或不可能找到，数据仓库是应数据分析处理要求而建设的分析型数据库基础。由于进口铁矿石是法检商品，所有入境的铁矿石都要通过入境口岸的检验检疫机构重量与品质检验，因此口岸检验检疫机构能够收集信息齐全的数据，这为进口铁矿石品质信息数据仓库的建设创造了条件。数据仓库是数据挖掘的基础。

3.1.2.2 进口铁矿石品质信息数据仓库构成

数据仓库体系结构可用图 3-1 表示。由于数据库和数据仓库应用的出发点不同，数据仓库将独立于业务数据库系统，但是数据仓库又同业务数据库系统息息相关。也就是说数据仓库不是简单地对数据进行存储，而是对数据进行再组织。数据仓库的体系结构框架是影响数据仓库性能的关键因素之一，数据仓库的体系结构框架决定了数据加载、访问和传递的方式。在确定数据仓库结构时需要考虑最终用户和数据使用部门的数目、数据的多样性和数量、更新周期以及存储访问的速度。在数据仓库体系结构中应该设计三个独立的数据层次：信息获取层、信息存储层和信息传递层。信息获取层负责数据的收集、提取、净化和聚合，以及从外部数据源和业务处理系统中获取数据。这些数据应该是准确的，并且要被用于各个部门进行决策支持，因此需要有通用的含义。信息存储层是一个保存数据的区域，这些信息是在信息传递层次中可以得到的信息。支持集成传递所必需的性能要求之一就是灵活性，在数据仓库体系结构中需要利用信息传递层来实现灵活性。信息传递层通过生成的报表和查询来提供数据需求。这是最终用户与数据仓库交流的层次，也是数据仓库与用户接触的地点。数据仓库中的数据可分为多个级别，如分为 4 个级别：早期细节级、当前细节级、轻度综合级和高度综合级。元数据经过综合后，首先进入当前细节级，并根据具体需要进行进一步的综合从而进入轻度综合级乃至高度综合级，老化的数据进入早期细节级。数据仓库中存在着的不同综合级别，将其称之为粒度（granularity）。数据仓库数据结构见图 3-2。

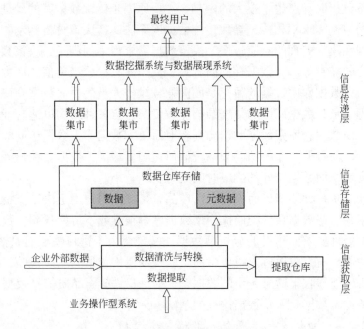

图 3-1　数据仓库体系结构

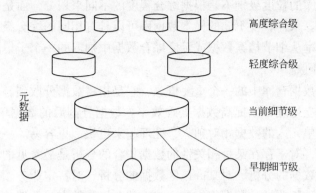

图 3-2　数据仓库数据结构

A　元数据

从图3-2可见,数据仓库组织结构中有一部分重要数据是元数据。元数据是关于数据的数据,如传统数据库中的数据字典就是一种元数据。在数据仓库中元数据的内容比数据库中的数据字典更丰富、更复杂。元数据作为数据的数据可对数据仓库中的各种数据进行详细的描述与说明,说明每个数据的上下关系,使每个数据具有符合现实的真实含义,使最终用户了解这些数据之间的关系。元数据为决策支持系统分析员和高层决策人员服务提供便利,并解决面向应用的操作型环境和数据仓库的复杂关系。元数据在数据仓库开发期间提供清晰的文档、描述DW目录表的每个运作的模式,数据的转化、净化、转移、概括和综合的规则与处理规则。元数据在数据源抽取中对多个来源的数据集成发挥着关键作用,利用元数据可以确定将数据源的哪些资源加载到DW中,跟踪历史数据结构变化过程,描述属性到属性的映射、属性转换等。数据清理与综合负责净化资源中的数据、增加资源戳和时间戳,将数据转换为符合数据仓库的数据格式,计算和综合数据的值。元数据在这个过程中作为清理和综合数据的依据。元数据从不同的角度可以有多种分类,如按元数据的类型、按抽象级别、按元数据承担的任务、从用户的角度分类。

B　粒度的概念

粒度问题是数据仓库的一个重要概念,粒度是指数据仓库的数据单位中保存数据细化或综合程度的级别。粒度影响存放在数据仓库中的数据量大小,同时影响数据仓库所能回答查询问题的细节程度。粒度可以分为两种形式:按时间段综合数据的粒度和按采样率高低划分的样本数据库。按时间段综合数据的粒度是对数据仓库中数据综合程度的高低度量,一般是按照不同的时间段来综合数据。它既影响数据仓库中数据量的多少,也影响数据仓库所能回答询问的种类。粒度越小,细节程度越高,综合程度越低,回答查询的种类就越多。反之,粒度的提高将会提高查询效率,但同时也造成回答细节问题能力下降。与通常意义的粒度不同，样本数据库的粒度级别不是根据综合程度的不同来划分，而是根据采样率的高低来划分的。采样粒度不同的样本数据库可以具有相同的综合级别，一般它是以一定的采样率从细节档案数据或轻度综合数据中抽取的一个子集。

C 分割问题

分割也是数据仓库中的一个重要概念，它是指将数据分散到各自的物理单元中，以便能独立处理，以提高数据处理效率。数据分割后的数据单元称为分片。分割之后，小单元内的数据相对独立，处理起来更快、更容易。一般在进行实际的分析处理时，对于存在某种相关性的数据集合的分析是最常见的，如对某一时间或某一时段数据的分析、对某一地区数据的分析、对特定业务领域数据的分析等；将具有这种相关性的数据组织在一起，就会提高效率。数据分割的标准可以根据实际情况来确定，通常可选择按日期、地域或业务领域等来进行分割，也可以按多个分割标准的组合来进行，但一般情况下分割标准应包括日期项。数据分割的优越性有：容易重构、容易重组、自由索引、顺序扫描、容易恢复、容易监控。分割的层次一般分为系统层和应用层两层。系统层的分割由数据库管理系统和操作系统完成；应用层的分割由应用程序完成，在应用层上分割更有意义。

D 数据仓库中的数据组织形式

数据仓库中的数据有多种组织形式，常见的数据组织形式有：简单堆积结构、轮转综合结构、简单直接结构和连续结构。简单堆积结构是数据仓库中最常用、最简单的数据组织形式。它从面向应用的数据库中每天的数据提取出来，然后按照相应的主题集成为数据仓库中的记录。轮转综合结构中，数据存储单位被分为日、周、月、年等几个级别。简单直接结构类似于简单堆积文件，但不是每天集成后放入数据仓库，而是间隔一定时间间隔。连续结构是通过两个或更多连续的简单直接结构数据组织形式的文件可以生成另一种连续结构数据组织形式的文件。

根据进口铁矿石检验的不同工作性质，可以建立不同的数据库，将不同的数据库作为元数据库进行整合建立数据仓库，可将静态的历史信息以不同的主题进行再利用。数据仓库可支持多维分析，可根据不同需求以多种形式输出分析情报信息，为不同类型的用户提供形式丰富、内容真实、功能完备的浏览和查询，满足不同的需求输出。

3.1.2.3 数据仓库的数据组织管理

数据仓库的数据可从上述分散的数据库提取，数据在进入数据仓库之前，必须要将其进行转换、统一与综合。数据仓库数据的生成既可从元数据库提取生成，也可进入数据仓库后经过计算、综合生成，它不是对数据的简单存储，而是进行再组织。数据仓库的组织需要考虑数据的粒度，根据不同的需要，可以选择按时间段综合数据的粒度和按采样率高低划分的样本数据库。为了提高数据处理效率，需要将数据仓库数据分割到各自的物理单元。进口铁矿石信息数据仓库的数据组织可以采样简单堆积，可以按相应的主题集成为数据仓库的记录。

3.1.2.4 数据仓库的设计

首先在原有数据库基础上进行概念模型设计，先要对原有数据库进行分析理解，要界定系统边界、确定主题域；然后进行确定数据仓库各项性能指标的技术评估和技术环境准备，主要涉及数据存取、重组、收发、装载等，估算内容包括数据量、程序冲突、数据通信量，环境准备包括软硬件配置，如存取设备、网络、操作系统、软件界面、数据仓库管理软件；第三进行逻辑模型设计，包括分析主题域、确定当前装载主题、确定粒度层次、确定数据分割、确定关系与记录的系统定义；第四是物理模型设计，主要是数据的存储结构、确定索引策略、数据存放位置、确定存储分配；第五是数据仓库生成，包括接口设计、数据装入；最后为数据仓库的维护，即进一步完善数据仓库系统、维护数据、进行决策系统的应用开发。

3.2 进口铁矿石品质信息数据挖掘

大数据科技背景下，数据已成为一种重要的资源，数据的应用已不是简单的数据汇总，而是将其按科学方法进行挖掘。数据挖掘是从大量的数据中抽取出潜在的、有价值的知识、模型、规律等，现代大数据的数据挖掘涉及人工智能、机器学习、统计分析等多种技术，它能自动分析、归类、推理、建立新的业务模型，最终达到业务和决策支持目的[18,19,22]。

3.2.1 数据挖掘的要求

3.2.1.1 数据挖掘的准备

数据挖掘可从大量不完全的、带噪声的、模糊的、随机的数据中，提取隐含其中有价值的信息和知识工程。因此数据准备就相当重要。主要工作首先要确定业务对象，然后进行数据选择、数据预处理和数据转换。

3.2.1.2 数据挖掘功能

功能包括对数据之间的关联规律进行分析、数据聚类、偏差分析、趋势预测等，常用方法有：聚类分析、决策树、人工神经网络、小波分析、统计分析等。

3.2.1.3 数据挖掘工具

常用的数据挖掘工具有：Intelligent Miner、SQL Server、SPSS、SAS、MATLAB 等，这些工具包括专用数据挖掘工具、数据库自带工具、社会统计学软件包和智能处理软件。

3.2.1.4 利用 SQL Server 构建数据仓库

微软公司在推出 SQL Server 2000 后，其后继产品 SQL Server 2005～2008 与前一代相比，不仅提供了更加优秀的数据库管理功能，而且提供了一套完整的数据仓库和数据挖掘技术的解决方案。SQL Server 2005 负责底层的数据库和数据仓库管理，SQL Server 2005 集成服务（SSIS）负责数据的抽取、转换和装载（ETL），SQL Server 2005 分析服务负责 OLAP 分析和数据挖掘，SQL Server 2005 报表服务（SSRS）负责前端展示。

3.2.2 联机分析及其系统模型

3.2.2.1 联机分析

随着计算机技术的广泛应用，质检系统每天都要产生大量的数据，如何从这些数据中提取对质检系统决策分析有用的信息，是决策管理人员面临的一个难题。传统的数据库系统即联机事务处理系统（online transaction processing，OLTP），作为数据管理手段，主要用于事务等处理，但它对分析处理的支持一直不能令人满意。因此，应逐渐尝试对 OLTP 数据库中的数据进行再加工，形成一个综合的、面向分析的环境，以更好地支持决策分析。数据仓和联机分析处理（online analysis processing，OLAP）是决策支持系统的有机组成部分。数据仓库从分布在系统内部各处的 OLTP 数据库中提取数据并对所提取的数据进行预处理，为用户决策分析提供所需的数据；OLAP 则利用存储在数据仓库中的数据完成各种分析操作，并以直观易懂的形式将分析结果返回给决策分析人员。

A　OLAP 概述

在过去的二十几年中，质检系统利用关系型数据库来存储和管理业务数据，并建立相应的应用系统来支持日常业务运作。这种应用以支持业务处理为主要目的，被称为联机事务处理，它所存储的数据被称为操作型数据或业务数据。随着数据库技术的广泛应用和市场竞争的日趋激烈，质检系统更加强调决策的及时性和准确性。传统的联机事务处理系统作为数据管理的手段，对于分析处理的支持不能满足决策管理者对数据库进行复杂分析和获取直观易懂的查询结果的要求，因此，以支持决策管理分析为主要目的的应用迅速崛起。人们开始尝试对 OLTP 数据库中的数据进行再加工，形成一个综合的、面向分析的、更好的支持决策制定的决策支持系统（decision support system，DSS）。因此，提出了多维数据库和多维分析的概念，即联机分析处理。OLAP 的一些基本概念有：（1）维（dimension）：维是人们观察数据的特定角度；（2）维层次（level）：人们观察数据的某个特定角度（即某个维）还可以存在细节程度不同的各个描述方面（时间维：日期、月份、季度、年），此多个描述方面称为维的层次；（3）维成员（member）：维的一个取值称为该维的一个维成员，是数据项在某维中位置的描述，如"某年某月某日"是在时间维上位置的描述，如果一个维是多层次的，那么该维成员是在不同维层次的取值组合；（4）多维数据集：多维数据集是决策支持的支柱，也是 OLAP 的核心，有时也称为立方体或超立方体，三维数据可以利用三维坐标建立立方体进行表示，超三维数据可以利用一个多维表来进行显示；

（5）数据单元：在多维数据集中每个维都选定一个维成员以后，这些维成员的组合就唯一确定了一个数据单元（维1维成员，维2维成员，维3维成员，…）；

（6）多维数据集的度量值：在多维数据集中有一组度量值，这些值是基于多维数据集中事实表的一列或多列数字，度量值是多维数据集的核心值，是最终用户在数据仓库应用中所需要查看的数据。

B OLAP 的定义与特征

OLAP委员会对联机分析处理的定义为：使分析、管理或执行人员能够从多种角度对从原始数据中转化出来的、能够真正为用户所理解的、并真实反映用户维特性的信息进行快速、一致、交互地存取，从而获得对数据更深入了解的一类软件技术。联机分析处理的用户是系统中的专业分析人员及管理决策人员，他们在分析业务经营数据时，从不同的角度来审视业务的衡量指标是一种很自然的思考模式。联机分析处理就是直接仿照用户的多角度思考模式，预先为用户组建多维的数据模型。这里，维是指用户的分析角度。一旦多维数据模型建立完成；用户可以快速地从各个分析角度获取数据，也能动态地在各个角度之间切换或者进行多角度综合分析，从而具有极大的分析灵活性。这也是联机分析处理在近年来被广泛关注的根本原因，它在设计理念和真正实现上都与旧有的管理信息系统有着本质的区别。其主要特征概括为：（1）快速性；（2）可分析性；（3）多维性；（4）信息性。

C OLAP 中的多维分析操作

OLAP的基本多维分析操作有：钻取（drill-up 和 drill-down）、切片（slice）、切块（dice）以及旋转（pivot）等。钻取是改变维的层次，变换分析的粒度。它包括向下钻取（drill-down）和向上钻取（drill-up）。向上钻取是在某一维上将低层次的细节数据概括到高层次的汇总数据，或者减少维数；而向下钻取则相反。切片是在给定数据立方体的一个维上进行选择操作，切片的结果是得到二维平面数据。切块是在给定数据立方体的两个或多个维上进行选择操作，切块的结果是得到一个子立方体。旋转是变换维的方向，即在表格中重新安排维的放置（例如行列互换）。

铁矿石信息数据仓库从各系统数据库中提取数据并对其进行预处理，然后通过联机分析处理将数据仓库的数据进行分析操作。联机分析指的是应用人员能多维度分析从原始数据转化出来、能被用户理解的、能反映用户决策目的的信息，并对其进行快速交互存储，从而获得新的知识信息的一类软件。推荐采用 SQL Server 作为联机分析工具，在 SQL Server 高版本软件中，可以建立数据仓并新建数据源。

3.2.2.2 系统模型

A 数据模型

数据模型是对现实世界进行抽象的工具，抽象的程度不同，就形成不同抽象级别层次上的数据模型。数据仓库的数据模型与数据库的数据模型有所不同，主要表现如下：

（1）数据仓库的数据模型中不包含纯操作型的数据；

（2）数据仓库的数据模型扩充了码结构，增加了时间属性作为码的一部分；

（3）数据仓库的数据模型中增加了一些导出数据。

上述三点差别也就是操作型环境中的数据与数据仓库中的数据之间的差别。虽然存在这样的差别，在数据仓库设计中，同样存在着三级数据模型，即概念数据模型、逻辑数据模型和物理数据模型。

概念数据模型是主观与客观之间的桥梁，对计算机系统来说，概念数据模型是客观世界到机器世界的一个中间层次。人们首先将现实世界抽象为信息世界，然后将信息世界转化为机器世界，信息世界中的某一信息结构，就是概念数据模型。概念数据模型最常用的表示方法是实体-联系（E-R）法，这种方法用 E-R 图作为它的描述工具。逻辑数据模型，目前数据仓库一般建立在关系数据库基础之上，因此，在数据仓库数据模型就是关系模型。无论是主题还是主题之间的联系都用关系来表示。关系模型的主要概念有：（1）关系，一个二维表；（2）元组，表中的一行称为一个元组；（3）属性，表中的一列称为属性，给每一列起一个名称即属性名；（4）主码，表中的某个属性组，其值唯一地标识一个元组；（5）域，属性的取值范围；（6）分量，元组中的一个属性组；（7）关系模式，一对关系的描述，用关系名表示。数据仓库的逻辑数据模型描述了数据仓库主题的逻辑实现，即每个主题所对应关系表的关系模式的定义。物理数据模型就是逻辑数据模型在数据仓库中的实现，如物理存取方式、数据存储结构、数据存放位置以及存储分配等。物理数据模型是在逻辑数据模型的基础之上实现的，在进行物理数据模型设计实现时所考虑的主要因素有：I/O 存取时间、空间利用率和维护代价。在进行数据仓库的物理数据模型设计时，考虑到数据仓库的数据量大但是操作单一的特点，可采取其他一些提高数据仓库性能的技术，如合并表、建立数据序列、引入冗余、进一步细分数据、生成导出数据、建立广义索引等。高层数据模型、中间层数据模型和低层数据模型是数据仓库三级数据模型的另一种提法，这种划分的好处是结构清晰，具有相似属性的数据被组织在一起；减少了冗余，如果将不变化或很少变化的数据项与经常变化的数据项混杂在一起存储将产生大量冗余。

B OLAP 基本数据模型

OLAP 系统一般以数据仓库作为基础，从数据仓库中抽取详细数据的一个子集，经过必要的聚集存储到 OLAP 存储器中供前端分析工具读取。为了保证信息处理所需的数据以合适的粒度、合理的抽象程度和标准化程度存储，按照其数据存储格式可以分为多维 OLAP（multidimensional OLAP，MOLAP）、关系 OLAP（relational OLAP，ROLAP）和混合型 OLAP（hybrid OLAP，HOLAP）这三种类型。

a 多维联机分析处理

多维联机分析处理（MOLAP）利用一种专有的多维数据库来存储 OLAP 分

析所需要的数据，数据采用维数组的多维方式存储，形成"立方体"的结构，并以多维视图的方式显示。MOLAP 存储模式将数据与计算结果都存储在立方体结构中，即将多维数据集区的聚合、维度、汇总数据以及其元数据的副本等信息均以多维结构存储在分析服务器上。MOLAP 的创建步骤是：（1）确定分析功能；（2）确定分析值；（3）构造分析维；（4）定义逻辑模型。MOLAP 的功能为：（1）与多维数据库进行交互；（2）快速响应；（3）挖掘信息间的内在联系。

b 关系联机分析处理

（1）ROLAP 的数据模型：ROLAP 的底层数据库是关系型数据库，其数据以及计算结果均直接由关系数据库获得，并且以关系型的结果进行多维数据的表示和存储。在 ROLAP 中，数据的预处理程度一般不高，但是灵活性高；用户可以动态定义统计和计算方式，可移植性好。ROLAP 一般采用星状模式（star sche-ma）或雪花状模式（snowflake schema）来表达多维数据的数据视图。星状模式是一种最常见的模型范例，其包括一个大的包含大批数据并且不含冗余的中心表（事实表）；一组小的维表，每维一个。这种模式图很像星光四射，维表围绕中心事实表显示在射线上。雪花状模式是星状模式的变种，其中某些维是规范化的，因而把数据进一步分解到附加表中，结果模式图就会形成类似于雪花的形状。雪花状模式和星状模式的区别在于，雪花状的维表可能是规范化形式，以便减少冗余。这种表易于维护并节省存储空间。然而，与巨大的事实表相比，这种空间的节省可以忽略。由于查询需要更多的连接操作，雪花状结构可以降低浏览的性能。系统的性能可能受到相对影响。因此，尽管雪花状模式减少了冗余，但是在数据仓库设计中，雪花模式不如星状模型流行。

（2）ROLAP 的创建步骤：ROLAP 的创建和 MOLAP 的创建一样需要进行选择、确定、构造、定义；然后还需要完成数据管理、元数据存储、应用工具构造等操作。数据管理是为了合理有效地进行关系数据库的管理，需要在数据库中添加。合适的聚集数据和概括数据，将较大的数据库分解成可管理的部分，添加生成索引和位图索引来提高 ROLAP 的处理效率。元数据存储即 ROLAP 的应用主要依赖元数据的生成和存储。应用工具构造需要利用数据库的应用视图或维视图构造客户工具。数据库可以利用查询结果进行多维操作，实现计算、公式、数据到应用的转化，并可以将结果及时地反映给用户，在进行进一步处理后，再显示给客户。

（3）ROLAP 的功能：

1）细节剖析：允许用户在 ROLAP 上进行数据的聚集、概括分级、分解和剖析细节，并且可以对其子集进行个案的分析。

2）数据的备份和安全功能：用户不仅可以对数据库进行数据的备份和安全管理，而且还可以由数据管理员进行增强性的控制。

3）数据的商业视图设计是基于维模型的，可以通过 ROLAP 将星状模型、雪花状模型和混合模型转化为商业视图。

4）元数据导航功能：ROLAP 可以对全局数据库新生的元数据进行合理的导航。

5）维层次支持：ROLAP 需要能够提供维层次操作的支持，能够实现维层次与关系数据存储的转化与管理。

6）模型的自定义：ROLAP 允许用户对分析模型进行自定义，根据决策分析的需要选择不同的计算、统计和各种分析模型。

c 混合型联机分析处理

由于 MOLAP 与 ROLAP 有着各自不同的优缺点，且它们的结构也不同，这给分析人员设计 OLAP 结构时提出了难题，他们必须在两种结构之间进行筛选，为此一个新的 OLAP 结构——混合型 OLAP 被提出。在 HOLAP 中，原始数据和 ROLAP 一样存储在原来的关系数据库中，而聚合数据则以多维的形式存储。HOLAP 结构不是 MOLAP 与 ROLAP 结构的简单组合，而是这两种结构技术优点的有机结合，能满足用户各种复杂的分析请求。一个真正的 HOLAP 系统应能遵循几个准则：（1）维数能够被动态更新，一个真正的 HOLAP 不但可以提供对数据的实时存取，还可以根据不断变化的结构对维数进行更新；（2）可根据关系数据库管理系统的元数据产生多维视图；（3）可以快速地存取各种级别的汇总数据；（4）可适应大数据量数据的分析；（5）可以方便地对计算和汇总算法进行维护和修改。

如图 3-3 所示，数据从面向应用的相应业务系统数据库提取，进入数据仓库并转化后，利用数据挖掘技术解决不同问题。

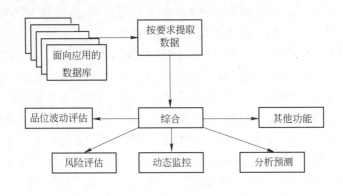

图 3-3 系统模型图

3.3 进口铁矿石数据仓库建设及数据挖掘实例

自计算机技术普及到人们的日常工作生活中以来，质检系统已经建有数量庞大的各种业务数据库。就铁矿石检验业务而言，在一个单位就有七八种之多，它们之间有些是完全独立的信息孤岛，有些为仅两两关联的数据库或信息半岛，但这些数据库都已经经过多年建设，并已积累大量数据，进口铁矿石品质信息数据仓库数据是围绕品质评价这一主题组织、展开的，因此这些原有的资源为目的实施提供了条件。

3.3.1 可利用的数据库资源

进口铁矿石信息元数据库包含进口铁矿石质量信息平台、进口铁矿石检验综合等操作系统、CIQ2000 系统、数字实验室系统、取制样管理系统、水尺计重管理系统所含数据库。

3.3.1.1 CIQ2000 系统

CIQ2000 系统为全国检验检疫综合业务系统，系统以检验检疫业务流程为主线，以出入境检验检疫管理为重点，功能包括受理报检、签证、统计、计收费、检验检疫及其鉴定、包装等业务管理。数据库为 ORCALE，主要存储检验检疫检务信息、检验检疫业务信息及其证稿证书。

3.3.1.2 数字实验室系统

数字实验室系统是宁波检验检疫局在检验检疫系统推广的 LRP2000 基础上开发的实验室管理系统，系统以实验室流程管理为主线，专门为实验室业务管理设计，功能包括报检受理、质量体系管理、检测、方法与标准、计收费、项目管理等，通过建立业务运行平台、仪器设备管理平台、法规标准信息平台、仪器操作数字平台、知识管理培训平台、实验环境检测平台、客户服务支持平台、体系运行管理平台和决策支持管理平台，实现质量管理和检测工作的有效监督、仪器设备配备的优化组合、大型仪器设备的智能操作、内部能力的自动传承、有效提高领导决策的科学性和对外服务的舒适性，达到实验室内外管理的规范化、自动化、信息化、智能化和无纸化的目的，部分信息采用 CIQ2000，与其他多数相关系统互联互通或互相读写，对仪器设备进行物联。数据库为 SQL Server 2008，主要存储实验室检测结果、报告、标准、收费标准等。

数字实验室相关流程管理模型如图 3-4 所示。流程节点见表 3-2。通用业务流程模型见图 3-5。

表 3-2 所有流程节点列表

序号	流程节点名称	简 述
1	报价单登记	用于对外报价，独立性流程节点，可从该节点发起业务登记
2	业务登记	核心流程节点。对客户信息、业务要求、样品信息、检测信息、费用信息进行登记。作为后续工作（如样品签收、检测、拟稿等）属性的初始化
3	合同评审	评审工作，可直接修改业务登记信息
4	业务单修改	类似再次合同评审过程，可直接修改业务登记信息

序号	流程节点名称	简 述
5	任务安排	针对业务单的任务安排，当实验室人员较多时，将任务安排到组
6	任务分配	针对项目（目录）的任务分配，分配具体的检验员。当实验室人员较少时，直接分配具体检验员
7	费用计算	根据项目收费标准、客户折扣、实际价格等信息计算费用。可设置标准价、折扣价、实际价等属性。分费、统一计收功能在此流程中实现
8	计费审批	对计费不太确定的情况下，可启动计费审批
9	收费登记	完成收费，可多次收取费用，直到收完为止
10	费用调整	调整费用金额，可增可减
11	临时分包登记	业务登记时添加临时项目、方法、限量等，并提交分包实验室审批
12	临时分包审批	审批过程，可直接拒绝，通过后才能进行正常分包登记
13	分包登记	实验室进行分包登记操作，填写分包方（内、外部检测机构）等信息
14	送样登记	跨部门样品在签收前的流转过程，可多次流转
15	样品签收	核心流程节点。领样前对样品的操作动作，技术中心、分中心、检测中心、实验室均可以执行签收动作，可多次签收
16	分样/制样	分割、拆分、制作检样的过程
17	检测领样	实验室领取样品的过程，领取对象可以是样品或检样，可多次领样
18	前处理	实际检测工作前的动作，可修改项目方法
19	检测登记	表明开始进行检测工作的标志性操作
20	结果登记	核心流程节点。项目结果、试验环境等检测数据输入。随着原始记录电子化程度的提高，可根据原始记录的数据得出最终报告使用数据。可进行分包结果、复检结果登记
21	分包结果登记	分包项目的结果登记
22	结果审核	结果审核工作
23	拟 稿	核心流程节点。根据报告模版、检测数据等信息自动生成报告。技术中心、分中心、检测中心、实验室或指定部门均可拟稿
24	审 稿	报告审核工作
25	不合格批准	不符合项目批准工作
26	报告打印	合并打印报告
27	业务归档	业务结束标志性动作。法检报告打印后就结束，不用归档
28	留样登记	非强制性流程节点，可在业务登记、分样/制样时进行操作
29	留样处理	根据登记时的留样时间等信息进行处理
30	项目复检安排	检测结果不确定的情况下，可安排复检，指定复检人员
31	周期延长申请	遇到复检或其他特殊情况时，可申请项目、业务周期延长
32	周期延长审批	周期延长审批过程

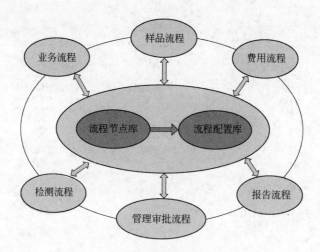

图 3-4 数字实验室相关流程管理模型

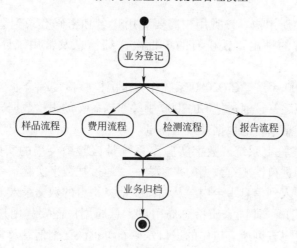

图 3-5 通用业务流程模型

3.3.1.3 进口铁矿石质量信息平台

进口铁矿石质量信息平台能实时采集全国各口岸进口铁矿石的质量信息以及相关进口铁矿石贸易信息，是一个进口铁矿石全方位信息的数据库，作为进口铁矿石质量基础数据信息查询、统计、分析平台；能读取 CIQ2000 和数字实验室系统的数据。数据库为 ORCALE，存储内容包括进口铁矿石品质信息、重量信息。

全国进口铁矿石信息平台涉及的用户角色及相互之间的关系如图 3-6 所示。系统角色如下：

（1）浏览用户，即网站的非注册用户。浏览用户直接访问系统网站查看进口铁矿石信息平台门户网站的公众信息，如行业新闻、政策法规等。

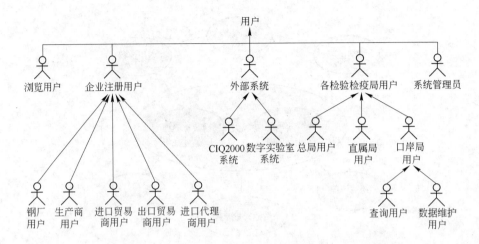

图 3-6　信息平台涉及的用户角色及相互之间的关系

（2）企业注册用户。该类用户需要凭用户名和密码登录到会员系统，可以查询自身或代理的进出口铁矿石的单批次详细信息及常用统计和综合评价类信息。

（3）CIQ2000 系统。CIQ2000 系统作为全国检验检疫综合业务系统中进口铁矿石数据的来源之一，通过把 CIQ2000 中关于铁矿石的报检数据导入到信息平台中，从而减少信息平台的数据录入工作量。

（4）数字实验室系统。数字实验室系统是检验检疫局的实验室管理系统，在此是作为全国进口铁矿石数据的来源之一。通过把数字实验室系统中关于铁矿石的检测数据导入到信息平台中，从而减少信息平台的数据录入工作量。

（5）总局用户，即国家质检总局用户。总局用户需要凭用户名和密码登录到会员系统，可以查询所有口岸的进口铁矿石单批次详细信息及常用统计和综合评价类信息。

（6）直属局用户，即各直属检验检疫局用户，如宁波检验检疫局用户。直属局用户需要凭用户名和密码登录到会员系统，可以查询所有下属口岸的进口铁矿石单批次详细信息及常用统计和综合评价类信息。

（7）口岸局用户，即从事进口铁矿石检验业务的各口岸检验检疫局用户。口岸局用户需要凭用户名和密码登录到会员系统，口岸局用户分为两类：

1）查询用户：可以查询本口岸的进口铁矿石单批次详细信息及常用统计和综合评价类信息；

2）数据维护用户：负责本口岸的进口铁矿石数据的录入和维护工作，同时可以查询本口岸的进口铁矿石单批次详细信息及常用统计和综合评价类信息。

（8）系统管理员。系统管理员拥有本系统的最高管理权限，负责系统管理、用户管理、角色权限及门户网站等内容的管理。

整个系统的高层次功能架构如图3-7所示。

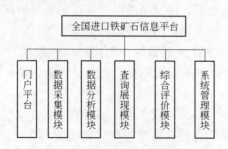

图3-7 系统的高层次功能架构

3.3.1.4 进口铁矿石检验综合业务系统

进口铁矿石检验综合业务系统为检验检疫综合管理系统，即 CIQ2000 在进口铁矿石检验管理的补充，CIQ2000 为追求软件运行的速度和效率，选取涉及检验检疫各个业务的基本共性，代表性地对检验检疫业务进行记录和管理。系统以 ORCALE 为主机数据库，使用 ASP. NET 汇编语言，能完成进口铁矿品质及贸易数据录入、检验出证、计收费、统计分析和系统维护等功能。该系统目前已经被进口铁矿石质量信息平台替代，但存有多年的数据积累。

系统内容：以铁矿石检验业务流程管理为主线，建立各功能模块。

（1）系统设置，包括：权限设置、口令设置、备份与恢复、汇率设置。

（2）辅助信息管理，包括：船名管理、品名管理、客户、原产地、装运港、矿公司、国家、检测项目、报检员档案、工作人员档案。

（3）业务管理，包括：接单、重量鉴定、取制样管理、样品管理、品质检验、证稿拟制。

（4）检验费，包括：鉴定费、取样费、检测费。

（5）降溢价。

（6）周期管理，包括：非工作日设定、工作流程、周期核扣、周期分析。

（7）统计查询。

（8）设备管理。

系统功能实现：

（1）建立报验员、报验单位、最终货主、矿区、矿种、检测项目、检测指标、运输工具等数据库，实现动态管理。自动拟稿，网上完成校核、审核。

（2）建立专业统计分析子系统，实现以时间、矿种、矿源、货主及各项检测项目和指标为检索关键词，能进行纵向、横向比较的动态分析查询功能；符合检测专业分析要求，能从时间、产地、货主、数量及产地、项目、品质等多角度动态数据评估与分析。

（3）建立通过管理判断标准实现检验结果的自动判断。对进口铁矿石的各项指标进行合格性自动评定，评定结果可以被证稿及分析评估引用。能进行倒计时检验周期警示，不合格及异常结果警示。

（4）建立检验指标复核预警系统，对检测出的数据与产地检验结果进行比较，设定偏差复核预警。根据检验结果，自动计算进口铁矿石价值的降溢价，计算结果可作价值评估。

（5）建立能自行维护的证书模板库，实现自动出证功能。

（6）能与检测仪器及各检验岗位连接，自动进入系统。

研究设计的技术路线如下：

（1）系统分析全国各口岸铁矿石检验工作特点，分析北仑口岸近三年的专业数据，根据铁矿石检测数据的专业分析要求，设计铁矿石检测业务管理系统的功能模块和系统框架体系，编制界面栏目的用语。铁矿石检测业务管理系统技术路线如图3-8所示。

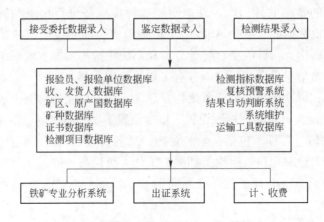

图3-8 铁矿石检测业务管理系统技术路线

（2）软件程序结构见图3-9和图3-10。

（3）软件算法程序框图见图3-11。

（4）铁矿石降溢价计算公式。

（5）数量数据统计：对国内收货单位（包括最终收货厂家及未定最终收货厂家的经营公司）、国外产地、公司、品种等进行分类数量统计，可以设定任何时间段，自由设定各查询关键词，对统计出的信息可以进入更深一层的内容进行进一步查询，甚至可以调出问题批次的所有信息。也可以以二维或三维坐标线形、柱形等图形方法输出。

（6）质量数据统计：对国内收货单位（包括最终收货厂家及未定最终收货

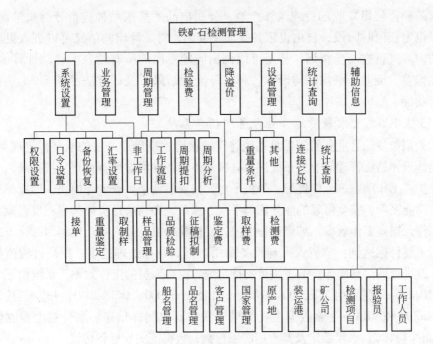

图 3-9　软件体系结构的树状层次

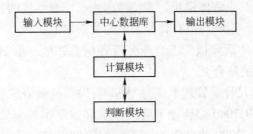

图 3-10　软件体系结构图

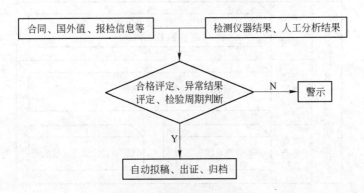

图 3-11　软件算法程序框图

厂家的经营公司）收的货或国外产地、公司出品的货按品种进行分类质量评估，可以设定任何时间段，自由设定各查询关键词，对统计出的信息可以进入更深一层的内容进行进一步查询，甚至可以调出问题批次的所有信息。自动计算偏差、标准偏差、极差、平均、均衡性、频次等统计结果，统计方法涵盖 SPSS 具有的所有功能。

3.3.1.5 大宗散货综合业务管理信息系统

大宗散货综合业务管理信息系统将宁波检验检疫局原开发的取制样管理系统、水尺计重和品质管理等业务系统进行有机地整合，并增加衡器计重、报检录入、任务维护、工作动态、工作提醒、手机平台、粮食检疫结果查询等模块，形成标准统一、功能完善、安全可靠的业务管理平台。该系统提高信息资源共享程度，减少重复工作，提高工作效率，加强过程监控，使检验检疫业务向自动化和即时化方向发展。主要目标达到：节省人力与设备费用；提高业务处理速度；提高过程监控能力；改进管理信息服务；改进决策支持系统；提高人员的工作效率。系统由三个数据库构成，分别采用 Win2000 Server、SQL Server2000、Office2000，开发工具采用 Delphi7.0 和 VBA，存储数据主要为进口铁矿石取制样信息、水分粒度检测信息（含每个份样）、水尺鉴定及其常用船舶常数，数据能实现远程传输。

系统内容：系统包括"取制样管理系统""水尺计重管理系统""铁矿石检测检验信息系统"三个整体模块。系统考虑到与原有系统的有效整合，最大限度利用原有系统资源。系统与原有其他系统的关系如下：

（1）以现有的"大宗散货综合业务管理信息系统—取制样管理系统"为基础，进行其他系统的整合。

（2）整合"水尺计重管理系统""铁矿石检测检验信息系统"。

（3）能调用 CIQ2000 综合业务管理系统和数字实验室资源管理系统中的相关数据，并能与 CIQ2000 综合业务管理系统中的数据进行核对，见图 3-12。

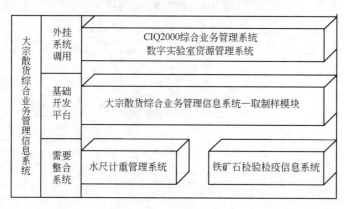

图 3-12 各系统关系图

取制样管理系统：

（1）概述：取制样管理系统功能包括：报检录入、任务维护、取样管理、基础数据、系统设置。其中取样管理功能包括：数据审核、结果处理、异常处理、查询打印、报表打印等。

（2）系统框架：系统框架见图3-13。

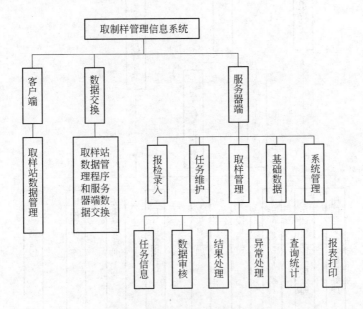

图3-13 取制样管理系统框架

（3）功能介绍：

1）报检录入：对报检信息的添加、修改、删除、查询功能；

2）任务维护：以船次为单位对报检信息进行任务布置，对任务的要求和相关参数进行设置；

3）取样管理：取样站上传数据维护审核、粒度取样的结果处理、基于取样任务的查询和基于工班的汇总查询；

4）异常处理：对已经经过结果确认的任务进行信息的修改模块；

5）辅助数据管理：辅助数据的添加、修改、删除、查询等；

6）系统管理：对系统的部门、人员、权限等进行管理。

水尺计重管理系统：

（1）概述：水尺计重管理系统主要是对检验中的水尺计重业务进行管理。其主要功能包括：船舶档案模块、水尺工作记录模块、水尺计算模块、水尺导入导出模块、报表打印模块以及其他辅助模块。

（2）系统框架：系统框架见图3-14。

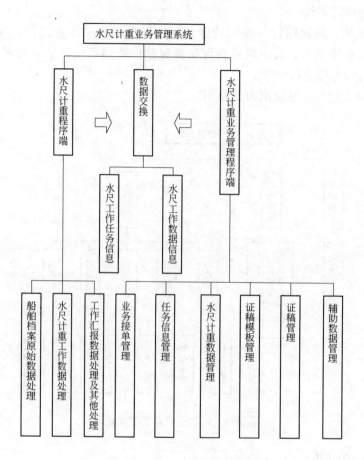

图 3-14　水尺计重管理系统框架

（3）功能介绍：

1）船舶档案模块：主要负责船舶一些原始参数及基本信息，以便于水尺计重模块进行计重使用；

2）水尺工作记录模块和水尺计重模块：完成水尺计重工作的一系列数据输入、生成、保存、修改、删除；

3）数据导入导出模块：负责船舶数据导入、导出，工作数据的导入、导出；

4）报表打印模块：主要生成有关水尺工作的各种报表和证稿；

5）其他辅助功能：包括用户管理、精度设置以及几个专业计算器（插值器、手工测深修正器）。

系统的优越性：

（1）统一的用户登录口令：改变原有多个口令登录的缺陷，只要 1 次登录，就能进行所有业务的管理与查询处理。

（2）灵活的业务流程处理和提醒方式：采用流程基本固定，但操作人员或部门可自定义选择的方式，来实现因人员变动、业务管辖变动、职务变动而带来的影响。通过角色定义、外部的文件规范与系统管理相结合的方式来实现业务的操作与管理。在每一流程环节完成后，由上一环节的完成人选择。

（3）下一环节的处理人或处理部门：转入下一流程，同时向下一流程的处理人发出提示信息，通过待办事宜提醒模块（如建立短信平台）自动提醒下一流程的处理人，同时留下处理记录，从而保证业务流程的适应能力以及处理过程的受控和高效。

（4）基础数据的统一管理：改变原来每个业务系统基础数据单独建立，实行所有业务基础数据的统一管理与调用，减少基础数据的维护工作量，减少相同信息带来的数据库冗余问题。

（5）更清晰、安全的权限控制：通过职务、角色、模块授权等功能来实现清晰安全的权限管理与信息查看。

（6）业务操作与业务监控有机分离：实现业务操作与信息查看模块的有机分离，领导不进行业务操作，但能有更直接的入口对流程进行监督，并根据情况进行业务的调度管理。

（7）完善了计重管理业务：即把衡器计重的业务管理也纳入信息化管理的轨道。

（8）在系统集成上增加双机热备使系统更加安全。

3.3.1.6 进口铁矿石多港分卸网上操作平台

该系统为配合进口铁矿石多港分卸检验模式而研发。进口铁矿石多港分卸中的数据多，创建者、时间不确定，使得资料会产生大量重复再现，造成在品质分析或数据统计中的诸多不便。因此，为加强文件资源信息共享，开发了一套适合于多港分卸的直观有效的平台，使系统可以对同批货的多港分卸的水尺报告分析进行快捷签发，可以对进口铁矿石化学成分及物理特性进行加权求值，软件具有可扩展性、可移植性。技术构架上采用 REDHAT LINUX 9 作为服务器的操作系统平台。在应用层服务器和数据库服务器的选择上，针对平台的客户需求，采用 Tomcat 作为应用层服务器，MySQL 作为数据库服务器的平台组合方案。后台服务器层架构上采用 Spring、Struts、Hibernate 作为 J2EE 应用的 MVC 框架，对于前台的表现层则采用 Sun 公司的 JSP 技术以及时下流行的成熟技术，如 AJAX、Mashup、RIA 等。

该项目利用信息网络技术，基于互联网平台实施两地共用的网上铁矿石减载操作平台，将两地两港分卸相关的检验检疫机构数据进行传递，使信息查询更加快捷方便，实现相关检验检疫机构的紧密合作与检验检疫工作质量和工作效率的提高。总流程图见图 3-15。功能实现示意图见图 3-16。

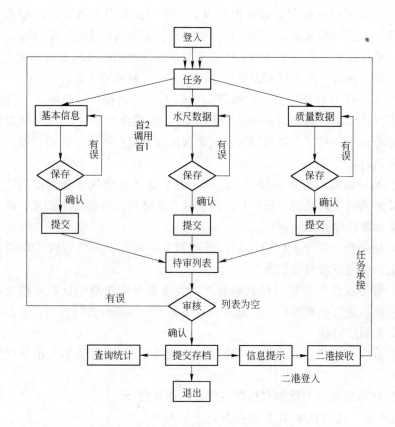

图 3-15 进口铁矿石多港分卸系统总流程图

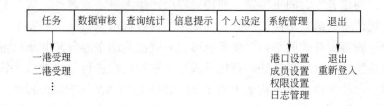

图 3-16 功能实现示意图

3.3.1.7 铁矿石动态监控系统

铁矿石动态监控系统作为"进口铁矿石动态监控系统"课题的主要组成部分,围绕总局在进口大宗战略资源类商品动态监管方面建立"一网"(进口大宗战略资源类商品质量动态监控和决策支持系统的网络平台)、"两库"(检验信息数据库、专家知识数据库)、"三系统"(商品质量动态跟踪系统、动态分析与评价系统、预警决策系统)的工作思路,针对进口铁矿石质量评价要素,设计出一套集跟踪、统计、分析、判定、预警、处理功能于一体的计算机应用监管程序。

　　各口岸检验机构将进口铁矿石的相关资料（如进口口岸、产地、国别、矿种、数量、重量、合同技术指标规格、CIQ检验结果、发货人或公证机构出具的装港前检验结果等）按一定要求进行计算机输入登记，通过网络汇入终端处理机，通过多样化的统计、分析、比对手段，获得一系列统计意义上的管理信息，最终形成评估、预警。系统框架设计方案见图3-17。

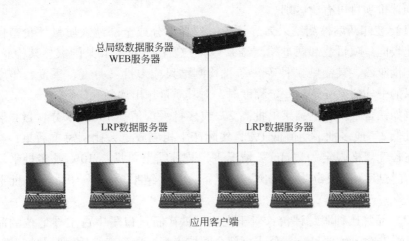

总局级数据服务器
WEB服务器

LRP数据服务器　　　　　　　LRP数据服务器

应用客户端

图 3-17　系统框架设计方案

A　数据输入内容

　　登记内容：重量、卸货时间（输入）；装货港、国外发货人、国内收货人、最终用户、装港检验机构（包括出具质保书的发货人）（输入或菜单选择，可添加进入菜单模版）。

B　检验内容

　　品牌矿种（品种代码02～99）按固定合同规格项目填写到港检验结果及装港检验结果，非品牌矿种或无法细分类（品种代码01）先通过菜单选定检验项目及相应合同规格，再填写到港检验结果及装港检验结果，选择填写检验依据。检验内容中全铁含量、水分、粒度、二氧化硅、三氧化二铝、硫、磷为必检指标，必须填写，安全卫生指标（外来夹杂物、放射性、氟、汞、镉、砷、铅、铜）先作为选择性检验项目，待相应 SN 标准颁布后再作为必检指标，其他项目（锌、氧化钙、氧化镁、灼烧减量、氧化亚铁及球团矿部分物理性能指标等）暂作为选择性检验项目。

C　评价内容

　　纳入质量评价范围的项目包括：主品位（铁含量）、安全卫生指标（外来夹杂物、放射性、氟、汞、镉、硫、磷、砷、铅、铜）、水分、粒度、三氧化二铝、二氧化硅、机械强度（包括抗压强度、转鼓指数、研磨系数）、还原性、膨胀指数、还原后抗压强度、氧化亚铁、锌、灼烧减量、氧化钙、氧化镁等。

D 合同评价（B 类不合格评定）

所有纳入质量评价范围的项目，在进出口贸易合同中作为技术指标出现时，可依据合同规定进行评价。单批铁矿石相关项目检测结果不符合合同要求即作不合格评定（B 类）。对于不同种类、不同产地（包括不同品牌）的进口铁矿石，其合同评价项目可有所区别。

（1）装卸两港检测结果差异评价：选择部分或全部纳入质量评价范围的项目，比较同一项目装卸两港检测结果差异，当特定对象（某国家、某检验机构、某生产供应商、某品牌矿种等）单批检测结果或多批（月度、季度、年度）检测结果的平均值差异达到一定程度时，对其质量作出评判（C 类）。

例如铁含量：装港结果单批高 2% 或多批平均值高 1%；水分含量：装港结果单批低 2% 或多批平均值低 1%，实际产生相应或更大比例短重后果；粒度范围：在粒度规格限定为"Min"情况下，装港结果单批高 10% 或多批平均值高 5%，在粒度规格限定为"Max"情况下，装港结果单批低 10% 或多批平均值低 5%。

（2）品牌矿种跟踪评价：对于在我国铁矿石进口量中占主导地位的品牌矿种，针对安全卫生项目、部分或全部合同技术指标项目建立质量趋势图和控制曲线，对该矿种的过去、现状及未来发展趋势作出评定和预测（D 类）。

E 警示通报

在实施质量评价过程中，发现如下问题时应及时生成和发布系统内警示通报：A 类不合格情况：单批次出现；B 类不合格情况：单批次出现不处理。对多批次而言，指在一定阶段内不合格率达到一定程度，产生统计意义上的问题。

F 预警通告

针对 A 类不合格情况（一年内）：在各类进口铁矿石不同项目中累计发生 30 次以上，在同一项目中累计发生 10 次以上；在同一国家进口铁矿石不同项目中累计发生 10 次以上，在同一项目中累计发生 5 次以上；在同一发货人供货的进口铁矿石相同或不同项目中累计发生 3 次以上，系统发布预警专报。针对 B 类不合格情况（一年内）：当被统计批次达到或超过 20 批时，以不合格率是否超过 40% 为界；当被统计批次不足 20 批时，以不合格批次是否达到或超过 8 批为界，未达到 8 批时，采用在年度范围内延长时间段至被统计批次满足 20 批条件，按不合格率达到 40% 与否进行判定；同一国家同品牌进口铁矿石连续 5 批在同一质量评价项目上不合格或连续 3 批以上在五个或五个以上质量评价项目上不合格，发布预警专报。针对 C 类情况（一年内）：当特定对象诚信度分数达到 0 分时，系统发布预警专报。针对 D 类情况（一年内）：当某品牌矿种单项扣分超过 20

分或多项累计扣分超过50分时，系统发布预警专报。

由于所有供评价用的数据已包含在数据输入的登记内容和检验内容中，先设置默认状态让计算机保持自动监控、预警，还可通过十二位码的输入选择评价对象，进行计算机统计、汇总。

3.3.2 项目应用举例

3.3.2.1 铁矿石检验质量风险评估

随着检验检疫工作职能的转变，风险管理及预警评估越来越成为对出入境检验检疫管理的重要手段。检验检疫作为国家出入境货物的法定管理机构，承担着日益繁重的监管任务，但是目前我国检验检疫的人力、物力、财力投入无法满足监管业务量不断增长的需要。通过风险分析，对监管对象进行分类管理，可以突出监管重点，合理配置有限的人力、物力，从而实现有限资源的最佳配置。利用数据库的信息，可以根据不同用途建立在线和离线两种评估方式。在线评估指利用大型进口铁矿石质量信息平台的数据库存储的信息，利用嵌入相关的软件通过互联网发布或交互平台，在线输出预警评估结果；离线评估同样利用大型进口铁矿石质量信息平台的数据库存储的信息，利用先进的技术建立相关固定模型或特殊的临时模型对数据进行分析评估。步骤为：（1）进口铁矿石风险影响因子的识别；（2）风险评估的神经网络建立，样本数据的来源可从全国进口铁矿石质量数据库获得，训练目标可从实际发生的不诚信供货方和国外检验机构调查名单所得；（3）风险管理和预警评估网络设计，口岸检验机构通过对国外铁矿公司和国外装货港检验公司及供货方的全面情况进行评估，核定供货方及检验公司的信誉程度，设置A、B、C、D 4个管理类别，以便实施不同的管理措施。网络采用BP神经网络。也可以选取相应的样本集，对所选样本集的警示阈值进行精确计算，得出对应于不同阈值的警示级别，如不发警报、一级警报、二级警报等。一般采用BP网络。

3.3.2.2 基于SOM网络的企业分类管理

对进出口企业进行分类管理也是检验检疫管理新模式的一种，其目的是引导企业树立质量主体责任意识，加强企业自律，督促企业建立健全质量和诚信管理体系，加强和规范企业分类管理，提高检验检疫执法把关和监督管理的质量和效率，对于不同的钢铁企业和代理企业，可根据它们的资信情况划分一定的类别，采取不同的监管方式。数据来源为CIQ2000，来源数据需要预处理，目的是采集到的数据可能会存在着大量的冗余，也可能存在着数据不准确、不完整、不一致，甚至有些数据可能根本就不适合，数据预处理主要是通过对这些数据的浏览、验证、选择、集成、转换等过程，提高数据质量，降低数据维数，形成适合数据挖掘的数据集合。采用自组织特征映射（SOM）网络，输入变量的选择通常有静态数据和动态数据。静态数据指的是通常不会经常改变的数据，包括企业的基本资信。动态数据指的是经常或定期改变的数据，如检验费拖欠、提供假单证等。利用数据准备阶段形成的数据集输入已经建立的 SOM 网络进行网络训练，将训练结果的聚类赋予一定的意义。将聚类的企业根据所赋的定义分别设计不同的监管方式。分类结果可以用来分类管理类别划分的依据，信用评估是利用 SOM 模型对企业的一些不诚信行为进行监测，SOM 模型可以建立正常信用度模型，当数据输入时，SOM 模型会对异常的企业信息作出异常警告。企业的一些行为变化，如提供假单证、检验费拖欠等，客户分类模型可以及时辨别，同时作出类别降格而加大监控力度的决定，有些甚至将它们放入黑名单严加监控。

3.3.2.3 品位波动应用

品位波动可因矿山矿体、采矿方法、选矿方法、堆积和采取方法、装/卸方法、交货批质量的变化而改变。因此，任何矿石的品位波动都应经常校核以确定上述变化的影响。一般矿产品的取样标准都必须引用品位波动结果来确定所采取样品的品位是选择"大""中"或"小"，不同的选择直接影响采用的代表性样品的质量，也影响工作人员的实际工作量。以往的方法大都采用人工作业，劳动强度大，时间周期长。用神经网络方法建立数学模式来判断铁矿的品位波动，可以将原本需要大量人工劳力辅助的铁矿石品质波动评定，变成只需计算机运算的模拟处理，使品位波动评估大大简单化，也使铁矿石取制样人员不再将品位波动评估认为负担，可以规范铁矿石取制样程序，大大降低实验成本。采用 BP 网设计一个状态分类器，利用数字实验室和进口铁矿石检验综合业务系统数据库数据，每交货批进口铁矿石的成分分析结果作为状态样本数据，分别对应品位波动的大、中、小，最终达到能够判别品位波动的目的。也可以利用大宗散货综合业务管理信息系统和进口铁矿石多港卸网上操作平台数据库，根据在线粒度水分检测、重量鉴定结果，在取样之初即能发现品位波动情况，并对取样方案依照实际品位波动情况进行调整。

3.3.2.4 神经网络在铁矿石品质特性分类中的应用

利用上述数据库，将历年来积累的进口铁矿石检测数据，用神经网络技术分析其品质特性情况，并对未知矿种进行特性分类，为确定产品的归属提供依据。所有铁矿石品质特征，就是铁矿石本身所具有的化学、物理、矿物性质。这些品质特性有些是铁矿石原矿固有的，有些是经过加工后，原矿的化学、物理及矿物性质发生了变化，形成了新的品质特性。采用自组织竞争网络，该网络是各网络竞争层的各神经元通过竞争来获得对输入模式的响应机会，最后一个神经元为竞争胜利者，并将与获胜神经元有关的各连接权值向有利于其竞争方向调整。竞争型网络可分为输入层和竞争层。

进口铁矿石品质信息数据仓库建设和数据挖掘技术能将看似杂乱无章的大量

数据，通过采用相关的方法进行评估、解析，就可得出有规律的信息，可以针对进口铁矿石检验，利用原先已有的数据库数据，采用挖掘技术高效、自动完成铁矿石检验业务辅助、质量分析、预警监控、决策支持、操作控制等。它可以将人从繁重的体力、脑力劳动中解放出来，不仅将检验操作人员的注意力在微观的角度起到放大效应，还可使检验管理人员的目光从短期转向长期、从战术转向战略，对促进进口铁矿石的宏观监控、指导进口铁矿石贸易、传播知识起到关键的作用。

4 数据提取方式

数据提取是本项目的一个重要环节，是数据仓库中的重要任务。本章研究第3章提到的几个数据库提取数据的方式，主要是如何利用现有数据库进行数据仓库建设的数据提取，最终有效用于数据挖掘。

4.1 本地数据库数据提取

4.1.1 常用数据库数据提取

4.1.1.1 Access 数据库的数据提取

如果每检验批次的铁矿石品质特性储存在 Access 数据库中，则首先要了解数据库的结构。如某一口岸检验机构的铁矿石品质特性数据库是以品质情况及贸易数量为要素而设计的，则数据库需建有大量的基础数据，并对每批次检验需有完整的信息记录，通过数据库表相互导入可读取有关数据或相互链接以达到在数据录入时可即时添加或修改表及被链接表的内容，数据库表内部分字段采用 SQL（Structured Query Language）查询的 "SELECT" 语句。

A　数据库基础数据档案

在 Access 数据库中建立一系列包含同一主题的基础信息表，表中每个字段包含关于该主题的各个事件，为尽量避免表与表之间的重复及减少对数据库的占有量，表内个别内容采用 SQL 查询。基础数据表及表内字段有：人员、国内外客户名录、国家、原产地、船舶、装运港、品名、编码、商品品名（每种品名可对应粉、块、球三个品种）、名称、品种。

B　数据库商品数据档案

数据库商品数据档案主要为每批次铁矿石检验的报验信息以及数量、品质检验信息，具体内容包括：

（1）报验单：报验号、船名、装卸情况、用户、收发货人、国外公司、品名、数量、原产地、日期、装运港、金额等报验信息。该表个别内容采用 SQL 查询，并赋予相应的常规（标题、格式、掩码、有效性规则、有效性文本等）、查询（显示控件、行来源及行来源类型、绑定列、列数等）设置及数据类型、说明。

（2）品质结果：报验号、品质项目（采用 SQL 查询，同上设置常规、查询及数据类型、说明）、合同值、国外值、检验值、是否合格。

（3）品质项目：粒度、水分、化学分析、物理测试等项目。为了查询设置方便，对粒度各档指标赋上前缀"Size："，对球团矿物理指标赋上前缀"INX"。

使用 Access 查询"设计"视图建立基于报验单、品种结果、品种项目三个表的选择查询，分别形成以报验号、原产地、国外公司、品种、鉴定数量、商品总值、收货人、发货人、最终用户、减载等为字段和以报验号、原产地、国外公司、品种、鉴定数量、商品总值、项目、合同值、国外值、检验值、是否合格为字段的有用数据提取出来形成汇总新表。采用查询中的语句准则"like"或"not"再次对所需数据进行提取。例如：粒度通过查询准则 like"Size＊"语句提取；水分通过查询准则 like"moisture"语句提取；球团矿物理试验通过查询准则 like"INX＊"语句提取[12]。

提取后的查询结果可以转换成 Excel 文件，经过相应的处理后，如数据归类、数据归一化等，在 Matlab 转换成 mat 文件保存于 Matlab 的 work 文件夹中，以备程序调用。

4.1.1.2 SQL server 数据库的数据提取

项目承担单位开发的一套软件能将每一交货批次的每一份样粒度检测结果自动储存在机械取制样设施的存储装置中，并利用 ADSL 拨号连接将机械取制样设施的存储装置中数据自动传输到管理计算机的 SQL server 数据库中。SQL server 数据库功能包括：报检录入、任务维护、取样管理、基础数据、系统设置。其中取样管理功能包括：数据审核、结果处理、异常处理、查询打印、报表打印等。但该数据库主要存储的是全自动取样及粒度筛分设备记录的每个份样量、粒度结果，以及人工输入的每个水分测试样的水分结果，如遇设备故障或遇粉矿、粘矿而粒度湿筛或干筛时，其粒度结果也是采用人工输入。

要提取 SQL server 数据库的数据，则先要安装 SQL server，如 SQL server 2000。然后，打开 SQL server 程序组的"查询分析器"，可直接在服务器上操作，也可在某一终端计算机上操作，如在某一终端计算机上操作时，则在启动 SQL 查询分析器时，需首先打开"连接到 SQL server 服务器"对话框，连接指定的 SQL server 服务器，经过必要的验证后再打开"查询分析器"，得到查询分析器窗口。查询分析器窗口分为左右两部分，左边为"对象浏览器"窗口，右边为 SQL 语句输入窗口。"对象浏览器"窗口的"对象"选项卡显示了 SQL server 服务器的数据库及数据库对象，"模板"选项卡显示了查询分析器包含的各种 T-SQL 语句模板。SQL 语句输入窗口中可输入 SQL 语句并可打开一个 SQL 脚本文件（后缀为 . sql）[23]。

A 简单查询

简单的 T-SQL 查询只包括选择列表、FROM 子句和 WHERE 子句。它们分别说明所查询列、查询的表或视图、搜索条件等。

（1）选择列表：选择列表（select_ list）指出所查询列，它可以由一组列名列表、星号、表达式、变量（包括局部变量和全局变量）等构成。

（2）FROM 子句：FROM 子句指定 SELECT 语句查询及与查询相关的表或视图。在 FROM 子句中最多可指定 256 个表或视图，它们之间用逗号分隔。在 FROM 子句同时指定多个表或视图时，如果选择列表中存在同名列，这时应使用对象名限定这些列所属的表或视图。

（3）使用 WHERE 子句设置查询条件：WHERE 子句设置查询条件，过滤掉不需要的数据行。

（4）查询结果排序：使用 ORDER BY 子句对查询返回的结果按一列或多列排序。

B 联合查询

UNION 运算符可以将两个或两个以上 SELECT 语句的查询结果集合合并成一个结果集合显示，即执行联合查询。

C 连接查询

通过连接运算符可以实现多个表查询。连接是关系数据库模型的主要特点，也是区别于其他类型数据库管理系统的一个标志。

4.1.1.3 CIQ2000 中的数据提取

A CIQ2000 界面功能提取

目前检验检疫系统内正在使用的 CIQ2000 检验检疫综合管理系统虽无详细的铁矿石品质特征的数据库信息，但它包含的通用性检务信息还是对铁矿石品质特性的分类有一定的意义，如收发货人、产地国别、品种、数量、HS 编码、货值等。如需要调用某一自然年的进口铁矿石信息，则可利用 CIQ2000 的查询统计功能，以 CIQ2000 数据库在 CIQ2000 检验检疫综合管理系统中以进口铁矿石为关键词，设定时段为 1 个自然年，剔除撤检批次，选择需要的查询字段，设定需要的查询条件，查询条件可以追加，所得查询结果以 TXT 形式导出，并转换成 Excel 形式后经过数据处理，再次转换为 Matlab 可识别文件保存备用。CIQ2000 采用的数据库为 Oracle 数据库，由于其专业性强，因此数据的提取还是建议采用 CIQ2000 开发的查询统计模块。

B Oracle 数据库 ETL 提取

数据仓库中的 ETL 分为四个阶段：提取、传输、转换、装载。

a 提取

提取可以分为逻辑提取和物理提取。逻辑提取按照规模分为：完全提取、增量提取。完全提取简单运用 EXP 或者全表扫描可以完成。增量提取是提取相比上次提取增加了的数据，也可以是按照数据产生时间 PATITION 了的一个分区等。Oracle's Change Data Capture 是 ORACLE 为增量提取提供的一个完备的机制。

可以运用基于 Timestamps、Partitioning、Triggers 的增量提取。物理提取又分为在线提取和离线提取。在线提取是直接连接数据库，访问数据库的表，然后提取。离线提取是指提取数据库以外的一些文件，比如 Flat file、Dump file、Redo or Archive log.、Transportable、tablespaces 等。提取的方法很多。可以用 sql plus 把数据提取到 FLAT file 中，也可以用 exp，甚至可以直接用 oracle net 处理。比如：

CREATE TABLE country_city AS SELECT distinct t1. country_name, t2. cust_city

FROM countries@ source_db t1, customers@ source_db t2

WHERE t1. country_id = t2. country_id

AND t1. country_name = 'United States of America';

b 传输

通过 FTP 或者 Transportable Tablespaces 建立一个临时的表空间来存储提取出来需要传输的数据，然后 EXP 这个表空间。

c 转换

转换过程是 ETL 中最复杂、处理时间最长的过程。这个过程涉及的 ORACLE 知识比较多。开发人员需要知道怎样选择最有效、最便捷的技术。

通过若干个步骤来处理转换过程中需要处理的每一个问题，而这若干步骤是通过建立若干临时表来完成的，后一个步骤建立的临时表是在前一个步骤建立的临时表的基础上建立起来的。这样一次一次的转换，最后得到转换的结果。

Transformation Flow：

第一，有一个 STAGING 表，把这个表的数据添加到 DW 的事实表中，但是不是简单的添加，这些数据需要按照 SCHEMA DESIGN 的要求，把所有和维表对应的描述信息分离到维表中。第二，需要考虑事实表的主键和 staging 表的主键一定有冲突，因为它们不是同一个 SEQUENCE 生成的。第三步，就是 INSERT 到事实表。

Transformation Flow 就是按照这样的逻辑来处理的。我们可以写 PL/SQL 实现整个功能。以下这个 SQL 可以创建一个表：

CREATE TABLE temp_sales_step2 NOLOGGING PARALLEL AS SELECT sales_transaction_id,

product. product_id sales_product_id, sales_customer_id, sales_time_id,

sales_channel_id, sales_quantity_sold, sales_dollar_amount

FROM temp_sales_step1, product

WHERE temp_sales_step1. product_name = product. product_name;

一般，从数据源过来的 staging 表带有和维表某个字段相同或者相似的信息，比如说产品名称。我们就可以通过产品名称链接维表和 staging 表，SQL 中

WHERE 中的连接就是这样做的。然后可以把在维表中的产品名称对应的产品 ID 找出来，标识成为要插入的事实表中的 sales_product_id。然后创建 temp 表把查询结果保存下来。这样就实现了和维的主外键对接。

这个过程会衍生出一个问题。如果 product_name 在 product 中没有，就需要吗？大部分情况下可能答案是需要的。那就需要做一个验证操作。见以下的代码：

CREATE TABLE temp_sales_step1_invalid NOLOGGING PARALLEL AS

SELECT * FROM temp_sales_step1 s

WHERE NOT EXISTS（SELECT 1 FROM product p WHERE p. product_name = s. product_name）；

这个 CTAS（创建查询表）statement 语句就可以查询出新的 SALE 记录。

也可以做左链接：

CREATE TABLE temp_sales_step2 NOLOGGING PARALLEL AS

SELECT sales_transaction_id, product. product_id sales_product_id,

sales_customer_id, sales_time_id, sales_channel_id, sales_quantity_sold,

sales_dollar_amount

FROM temp_sales_step1, product

WHERE temp_sales_step1. upc_code = product. upc_code（+）；

把所有在维表中没有找到 product_name 的记录的 sales_product_id 设置为空。

Transformation Mechanisms：

Transformation 在 oracle 大致有三种方法：

（1）使用 sql 语句。

方法一：

CREATE TABLE ... AS SELECT（CTAS）然后 INSERT／* + APPEND */ AS SELECT。

先按照需求 SELECT 出来数据然后存在一张临时表中，再从临时表取出插入到要 load 的表中。

此外（CTAS）方式使用 NOLOGGING 模式可以提高性能。

方法二：

Transforming Data Using UPDATE

你也可以按照你的 TRANSFORM 规则直接用 UPDATE 临时表中的数据。达到转化的效果。

方法三：

Transforming Data Using MERGE

例：

MERGE INTO products t USING products_delta s

ON（t. prod_id = s. prod_id）

WHEN MATCHED THEN UPDATE SET

t. prod_list_price = s. prod_list_price, t. prod_min_price = s. prod_min_price

WHEN NOT MATCHED THEN INSERT（prod_id, prod_name, prod_desc, prod_subcategory,

prod_subcategory_desc, prod_category, prod_category_desc, prod_status,

prod_list_price, prod_min_price）

VALUES（s. prod_id, s. prod_name, s. prod_desc, s. prod_subcategory,

s. prod_subcategory_desc, s. prod_category, s. prod_category_desc,

s. prod_status, s. prod_list_price, s. prod_min_price）;

例子中运用 MERGE 的好处是：扩展维表，因为有一些从外部数据源来的产品数据可能和 DW 中维表中的产品数据有一些重叠，为了扩展维表又保证数据不重复，可以使用 MERGE。

方法四：

Transforming Data Using Multitable INSERT

无条件的 insert：

INSERT ALL

INTO sales VALUES（product_id, customer_id, today, 3, promotion_id,

quantity_per_day, amount_per_day）

INTO costs VALUES（product_id, today, promotion_id, 3,

product_cost, product_price）

SELECT ... FROM. .

有条件的 ALL insert：

INSERT ALL

WHEN ... THEN INTO .. TABLE VALUES(...)

WHEN ... THEN INTO .. TABLE VALUES(...) SELECT ... FROM ...;

有条件的 FIRST insert：

INSERT FIRST

WHEN ... THEN INTO...

WHEN ... THEN INTO...

ELSE INTO ... SELECT... FROM...

（2）使用 PL/SQL（过程化 SQL 语言）。

运用 PL/SQL 可以处理更加复杂的转化逻辑。

d　装载

using sql * loader：

sql * loader 是一个很好地从 FLAT 文件 load 数据到 DW 中来的工具。可以处理非常复杂的 LOAD 过程。有自己的 control file 语法。

External Tables：

External Tables 是对 sql * loader 的一个补充，提供了一些高级的功能，它使你像访问数据库里的数据一样访问外部元数据。

外部表和普通表相比有个功能缺陷，就是外部表不能做 DML（UPDATE/IN-SERT/DELETE）操作，也不能在外部表上建立索引。

4.1.2　数据库数据提取操作方式

4.1.2.1　概论

数据提取的具体方式依赖于数据源的不同。如果数据仓库运行在 Windows 平台，则利用基于 ODBC 的数据引擎即可访问所有的数据库数据源。同时，Microsoft 提供了完全的数据仓库解决方案，并在 Excel 中提供了分析处理和决策支持。但考虑到数据容量和系统性能以及现存系统的限制，任何一家软件商提供的方案都不能完全适应现有系统。而且，一个系统的数据源中的数据在存储上的分散性和异质性包括了在不同的地域和不同的硬件平台、操作系统平台以及以不同形态，如文本文件、文本流、表格文件以及事务处理型数据库（操作环境数据库）中的数据等。根据数据源的不同，可分成相同数据库数据源、不同数据库数据源、非数据库数据源的数据提取。

（1）如果数据源和数据仓库采用的是相同的数据库管理系统，那么只需将数据简单地导入即可，可采用批量加载程序进行，如 Oracle 的 Export、Import，或者用简单 SQL 或存储过程等实现。

（2）对于采用不同数据库管理系统的数据源，许多成功的支持数据仓库应用的数据库管理系统提供对其他数据库访问的能力。以 Oracle 8 为例，有多种方式可以实现与非 Oracle 数据源的连接：

1）Oracle 透明网关。Oracle 公司单独提供的网关产品可支持从许多流行的数据库产品的数据库中读取数据。同时，它也能在数据装载过程中实现数据转换。

2）SQL * Loader。SQL * Loader 可用于从操作系统文件中将数据移入 Oracle 数据库表。SQL Loader 的输入包含准备移入 Oracle 表的数据和告诉 Oracle 输入数据的格式、存入的目标表等参数。SQL * Loader 通常是大型数据仓库所选择的数据装载方式，它提供了 Oracle 最快的装载速率。但它要在其他工具从外部信息源抽取数据并形成文本数据后才能使用。

3）NT 环境下的 Oracle 数据集合工具集和基于引擎的工具（通过 ODBC 或 JDBC 等访问数据源）。

4）代码生成工具。从操作型源系统中得到数据的另一个方法是生成编译代码来完成数据提取工作，它适用于从大型机数据源获取数据，可获得比基于引擎工具更快的速度。此外，还有许多第三方软件可用于将数据移入数据仓库。包括一些专门的数据仓库开发软件。

（3）对于以文本、表格等非数据库形式出现的数据源，则需以不同方式加以考虑，SQL Loader 可以载入但对格式要求严格，不能直接用于提取。可以考虑一些支持数据综合等特定功能的数据仓库产品。

4.1.2.2 几种可供参考的数据提取方法

各种相关工具在各自领域提供强大功能，但考虑到成本和结构的灵活及开发人员对相关软件的熟悉程度，在项目中可采用以下几种方式进行数据提取。

A 基于存储过程的数据提取

存储过程是一个预编译的 SQL 语句的集合，它存储在所给名字下的一个数据库中，并作为一个单元执行。作为可编程数据库系统的一种公用技术，存储过程是简单 SQL 语句。存储过程提供了一个模块化的开发技术，同时在数据库管理系统和应用开发环境之间提供一个抽象层。并且，存于数据库中的存储过程比交互执行的相同语句组运行速度要快得多，在模块的重用性和 SQL 性能及灵活性方面具有极大的优越性，适用于协同开发及大数据量的处理。在数据仓库中，利用存储过程即可方便、高效地实现相同数据库管理系统间的数据提取，可以定时或利用触发器自动执行存储过程，或在应用开发工具上利用 SQL 语句（Execute Procedure）调用执行。

B 基于过程语言和调用接口的数据提取

为了得到比存储过程更灵活的实现，主要数据库管理系统都提供了利用过程语言内嵌入 SQL 语句或库函数调用来访问数据库，如 Oracle 的 Pro * c，Intormux 的 ESQL/C 等在 C 语言源程序中嵌入结构化查询语言（包括存储过程）。然后通过预处理将其转化成特定的 C 语言函数调用。同时，通过系统提供的接口函数（如 Oracle 调用接口、Intormux 的 调用级接口），可在第三代程序设计语言中直接对数据库中的数据和模式进行操纵，包括所有的 SQL 数据定义、数据操纵、查询和事务控制等，这种不需预编译的纯过程语言程序具有比存储过程更强的数据处理能力和更大的灵活性。

C 基于 JDBC 的数据提取

根据 Oracle 透明网关的思想，利用 Java 强大的数据库连接功能，在程序内部利用不同数据库厂家的连接工具驱动器作不同数据库的连接，即可得到不同数据库间的连接程序。若只在源和目标数据库间进行数据复制，程序代码将很容易实现。加上与提取控制程序的通信模块，即可成为在本地网环境下不同数据库间进行数据复制或数据仓库数据提取的优秀工具。超越了 ODBC 的限制，适用 Unix 平台的大型数据库间的连接，在实用性上与 Oracle 网关产品相当。

D 代码实现

关于代码实现，可参考 JDBC 数据库应用程序。简单地说，利用各数据库厂商免费提供的各自产品的连接工具（JDBC Driver）即可实现连接，在源和目标数据库分别安装了各自的驱动器后，在程序中指明源和目标驱动器 URL 地址、用户名、口令，即建立了连接。若在源和目标数据库间只进行复制等简单的数据提取任务，可以很方便地实现程序逻辑。加上进程间的通信机制，即可成为整个仓库系统的有机组成部分。

E 基于脚本的分析提取

在解决了对数据库数据源的数据提取后，在大型数据仓库应用中，在某些特定领域，由于各种原因，还有许多非数据库数据源，对其中的有效数据进行提取也同等重要。通常情况下，这种文本的格式是固定的或者是具备某种特征的，或者在局部范围内按一定规则变化。为了能适应这种变化，增强系统的稳定性和可扩展性，需要考虑一种新的数据提取方式。参考前面提到的代码生成工具的原理，可以在描述数据格式的基础上让系统自动生成所需的提取代码，实现方式如下：由预先确定的可被解释的脚本语言描述源数据的位置、格式、目标数据库表、对关系型数据表的基本 SQL 操作以及所需字符串处理等。解释程序（脚本分析程序）读入此描述语言，根据预定规则（解释程序中实现）生成中间代码，编译后为可执行的提取代码。执行此代码即可从文本中提取所需数据。同时，提高了程序的适应性。当文本在可适应范围内变动时，无需变动程序。超出此范围也只需修改脚本，大大降低了维护量。具体可采用上述的过程语言或调用接口实现。

4.1.2.3 数据提取程序代码

A 利用 JAVA 对 Oracle 和 SQL Server 的数据提取

例：对 Oracle

```
 package blciqserverbyjava. DBconn；

import java. sql. ＊；
import java. util. ＊；
import oracle. jdbc. driver. ＊；
import oracle. sql. ＊；
import blciqserverbyjava. Until. IniReader；

/＊＊
 ＊ ＜p＞Title：JAVA 连接 ORACEL 数据库＜/p＞
```

```
* * /
public class JDBCFileOra {
    public Connection conn;
    Statement stmt;
    String DataBaseAddr;
    String UserName;
    String PassWord;
    String DataBasedriver;          //读取配置文件
    IniReader reader = new IniReader("ServerInfo. ini");
    int insertValue = -1;
    public JDBCFileOra() throws Exception {        //读取 ORACLE 配置地址
      DataBaseAddr = reader. getValue("DatabaseinfoForOracle", "DataBaseAddr");
      //读取 ORACLE 配置用户名
        UserName = reader. getValue("DatabaseinfoForOracle", "UserName");
      //读取 ORACLE 配置密码
        PassWord = reader. getValue("DatabaseinfoForOracle", "PassWord");
      //读取 ORACLE 驱动类
        DataBasedriver = reader. getValue("DatabaseinfoForOracle", "DataBasedriver");
//实例话驱动类
        Class. forName(DataBasedriver);        //建立到数据库的连接
        conn = DriverManager. getConnection(DataBaseAddr, UserName, PassWord);
      //将数据发送到数据库中
        stmt = conn. createStatement();
    }


    //执行语句(select 语句)
    public ResultSet executeQuery(String sql) throws Exception {
        ResultSet rs = stmt. executeQuery(sql);
        return rs;
    }


    //执行语句(insert 语句)
    public int insert(String sql) throws Exception {
        insertValue = stmt. executeUpdate(sql);
        return insertValue;
    }


}
```

例：对 SQL Server

```
package blciqserverbyjava. DBconn;

import java. sql. * ;
import java. util. * ;
import oracle. jdbc. driver. * ;
import oracle. sql. * ;
import blciqserverbyjava. Until. IniReader;

/ * *
 * < p > Title：JAVA 连接 MSSQL 数据库 </p >
 * */
public class JDBCFileMssql {
    Connection conn;
    Statement stmt;
    String DataBaseAddr;
    String UserName;
    String PassWord;
    String DataBasedriver;
    IniReader reader = new IniReader("ServerInfo. ini");
    int insertValue = -1;
    public JDBCFileMssql() throws Exception {      //读取 MSSQL 配置地址
       DataBaseAddr = reader. getValue("DatabaseinfoForMssql", "DataBaseAddr");
         //读取 MSSQL 配置用户名
       UserName = reader. getValue("DatabaseinfoForMssql", "UserName");
           //读取 MSSQL 配置密码
       PassWord = reader. getValue("DatabaseinfoForMssql", "PassWord");
           //读取 MSSQL 驱动类
       DataBasedriver = reader. getValue("DatabaseinfoForMssql", "DataBasedriver");
//实例话驱动类
       Class. forName(DataBasedriver);      //建立到数据库的连接
       conn = DriverManager. getConnection(
              DataBaseAddr, UserName,PassWord);//将数据发送到数据库中
       stmt = conn. createStatement();
    }
    //执行语句(select 语句)
    public ResultSet executeQuery(String sql) throws Exception {
       ResultSet rs = stmt. executeQuery(sql);
       return rs;
    }
```

```
//执行语句(insert 语句)
public int insert(String sql) throws Exception {
    insertValue = stmt.executeUpdate(sql);
    return insertValue;
}
}
```

B 利用 Microsoft VB 数据提取

例程详见附录1。

C C# 连接 SQL Server 数据库

对于不同的.NET 数据提供者，ADO.NET 采用不同的 Connection 对象连接数据库。这些 Connection 对象为我们屏蔽了具体的实现细节，并提供了一种统一的实现方法。

Connection 类有四种：SqlConnection、OleDbConnection、OdbcConnection 和 OracleConnection。SqlConnection 类的对象连接 SQL Server 数据库；OracleConnection 类的对象连接 Oracle 数据库；OleDbConnection 类的对象连接支持 OLE DB 的数据库，如 Access；而 OdbcConnection 类的对象连接任何支持 ODBC 的数据库。与数据库的所有通讯最终都是通过 Connection 对象来完成的。

SqlConnection 类 Connection 用于与数据库"对话"，并由特定提供程序的类（如 SqlConnection）表示。尽管 SqlConnection 类是针对 Sql Server 的，但是这个类的许多属性、方法与事件和 OleDbConnection 及 OdbcConnection 等类相似。本例重点讲解 SqlConnection 特定的属性与方法。使用不同的 Connection 对象需要导入不同的命名空间。OleDbConnection 的命名空间为 System.Data.OleDb。SqlConnection 的命名空间为 System.Data.SqlClient。OdbcConnection 的命名空间为 System.Data.Odbc。OracleConnection 的命名空间为 System.Data.OracleClinet。

SqlConnection 属性：

ConnectionString 其返回类型为 string，获取或设置用于打开 SQL Server 数据库的字符串。

ConnectionTimeOut 其返回类型为 int，获取在尝试建立连接时终止尝试并生成错误之前所等待的时间。

Database 其返回类型为 string，获取当前数据库或连接打开后要使用的数据库的名称。

DataSource 其返回类型为 string，获取要连接的 SQL Server 实例的名称。

State 其返回类型为 ConnectionState，取得当前的连接状态：Broken、Closed、Connecting、Fetching 或 Open。

ServerVersion 其返回类型为 string，获取包含客户端连接的 SQL Server 实例的版本的字符串。

PacketSize 获取用来与 SQL Server 的实例通信的网络数据包的大小（以字节为单位）。这个属性只适用于 SqlConnection 类型。

SqlConnection 方法：

Close（）其返回类型为 void，关闭与数据库的连接。

CreateCommand（）其返回类型为 SqlCommand，创建并返回一个与 SqlConnection 关联的 SqlCommand 对象。

Open（）其返回类型为 void，用连接字符串属性指定的属性打开数据库连接。

SqlConnection 事件：

StateChange 当事件状态更改时发生（从 DbConnection 继承）。

InfoMessage 当 SQL Server 返回一个警告或信息性消息时发生。

可以用事件让一个对象以某种方式通知另一对象产生某些事情。例如我们在 Windows 系统中选择"开始"菜单，一旦单击鼠标时，就发生了一个事件，通知操作系统将"开始"菜单显示出来。

使用 SqlConnection 对象连接 SQL Server 数据库：

可以用 SqlConnection（）构造函数生成一个新的 SqlConnection 对象。这个函数是重载的，即我们可以调用构造函数的不同版本。SqlConnection（）的构造函数如表所示：

SqlConnection（）初始化 SqlConnection 类的新实例。

SqlConnection（String）如果给定包含连接字符串的字符串，则初始化 SqlConnection 类的新实例。

假设我们导入了 System. Data. SqlClient 命名空间，则可以用下列语句生成新的 SqlConnection 对象：

```
SqlConnection mySqlConnection = new SqlConnection();
```

程序代码说明：在上述语法范例的程序代码中，我们通过使用"new"关键字生成了一个新的 SqlConnection 对象，并且将其命名为 mySqlConnection。

现在我们就可以使用如下两种方式连接数据库，即采用集成的 Windows 验证和使用 Sql Server 身份验证进行数据库的登录。

集成的 Windows 身份验证语法范例：

```
string connectionString = " server = localhost; database = Northwind;
integrated security = SSPI";
```

程序代码说明：在上述语法范例的程序代码中，我们设置了一个针对 Sql

Server 数据库的连接字符串。其中 server 表示运行 Sql Server 的计算机名,由于在本书中,ASP. NET 程序和数据库系统是位于同一台计算机的,所以我们可以用 localhost 取代当前的计算机名。database 表示所使用的数据库名,这里设置为 Sql Server 自带的一个示例数据库——Northwind。由于我们希望采用集成的 Windows 验证方式,所以设置 integrated security 为 SSPI 即可。

Sql Server 2005 中的 Windows 身份验证模式如下:

在使用集成的 Windows 验证方式时,并不需要我们输入用户名和口令,而是把登录 Windows 时输入的用户名和口令传递到 Sql Server。然后 Sql Server 检查用户清单,检查其是否具有访问数据库的权限。而且数据库连接字符串是不区分大小写的。

采用 Sql Server 身份验证的语法范例:

string connectionString = " server = localhost;database = Northwind;uid = sa;pwd = sa";

程序代码说明:在上述语法范例的程序代码中,采用了使用已知的用户名和密码验证进行数据库的登录。uid 为指定的数据库用户名,pwd 为指定的用户口令。为了安全起见,一般不要在代码中包括用户名和口令,可以采用前面的集成的 Windows 验证方式或者对 Web. Config 文件中的连接字符串加密的方式提高程序的安全性。

Sql Server 2005 中的 Sql Server 身份验证模式如下:

如果使用其他的数据提供者的话,所产生的连接字符串也具有相类似的形式。例如我们希望以 OLE DB 的方式连接到一个 Oracle 数据库,其连接字符串如下:

string connectionString = " data source = localhost;initial catalog = Sales;
use id = sa;password = ;provider = MSDAORA";

程序代码说明:在上述语法范例的程序代码中,通过专门针对 Oracle 数据库的 OLE DB 提供程序,实现数据库的连接。data source 表示运行 Oracle 数据库的计算机名,initial catalog 表示所使用的数据库名。provider 表示使用的 OLE DB 提供程序为 MSDAORA。

Access 数据库的连接字符串的形式如下:

string connectionString = " provider = Microsoft. Jet. OLEDB. 4. 0";
@ " data source = c:\DataSource\Northwind. mdb";

程序代码说明:在上述语法范例的程序代码中,通过专门针对 Access 数据库的 OLE DB 提供程序,实现数据库的连接。这里使用的 OLE DB 提供程序为 Microsoft. Jet. OLEDB. 4. 0,并且数据库存放在 c:\ DataSource 目录下,其数据库文件为 Northwind. mdb。

可以将数据库连接字符串传入 SqlConnection（）构造函数，例如：

```
string connectionString = "server = localhost;database = Northwind;uid = sa;pwd = sa";
SqlConnection mySqlConnection = new SqlConnection(connectionString);
```

或者写成：

```
SqlConnection mySqlConnection = new SqlConnection(
"server = localhost;database = Northwind;uid = sa;pwd = sa");
```

在前面的范例中，通过使用"new"关键字生成了一个新的 SqlConnection 对象。因此我们也可以设置该对象的 ConnectionString 属性，为其指定一个数据库连接字符串。这和将数据库连接字符串传入 SqlConnection（）构造函数的功能是一样的。

```
SqlConnection mySqlConnection = new SqlConnection();
mySqlConnection. ConnectionString = "server = localhost;database = Northwind;uid = sa;pwd = sa";
```

只能在关闭 Connection 对象时设置 ConnectionString 属性。

打开和关闭数据库连接：

生成 Connection 对象并将其 ConnectionString 属性设置为数据库连接的相应细节之后，就可以打开数据库连接。为此可以调用 Connection 对象的 Open（）方法。其方法如下：

```
mySqlConnection. Open();
```

完成数据库的连接之后，我们可以调用 Connection 对象的 Close（）方法关闭数据库连接。例如：

```
mySqlConnection. Close();
```

下面是一个显示如何用 SqlConnection 对象连接 Sql Server Northwind 数据库的实例程序，并且显示该 SqlConnection 对象的一些属性。

范例程序代码如下：

```
01 public partial class _Default : System. Web. UI. Page
02 {
03 protected void Page_Load(object sender, EventArgs e)
04 {
05 //建立数据库连接字符串
06 string connectionString = "server = localhost;database = Northwind;
07 integrated security = SSPI";
08 //将连接字符串传入 SqlConnection 对象的构造函数中
09 SqlConnection mySqlConnection = new SqlConnection(connectionString);
10 try
```

```
11 {
12 //打开连接
13 mySqlConnection. Open( );
14 //利用 label 控件显示 mySqlConnection 对象的 ConnectionString 属性
15 lblInfo. Text = " < b > mySqlConnection 对象的 ConnectionString 属性为: < b > " +
16 mySqlConnection. ConnectionString + " < br > ";
17 lblInfo. Text + = " < b > mySqlConnection 对象的 ConnectionTimeout 属性为 < b > " +
18 mySqlConnection. ConnectionTimeout + " < br > ";
19 lblInfo. Text + = " < b > mySqlConnection 对象的 Database 属性为 < b > " +
20 mySqlConnection. Database + " < br > ";
21 lblInfo. Text + = " < b > mySqlConnection 对象的 DataSource 属性为 < b > " +
22 mySqlConnection. DataSource + " < br > ";
23 lblInfo. Text + = " < b > mySqlConnection 对象的 PacketSize 属性为 < b > " +
24 mySqlConnection. PacketSize + " < br > ";
25 lblInfo. Text + = " < b > mySqlConnection 对象的 ServerVersion 属性为 < b > " +
26 mySqlConnection. ServerVersion + " < br > ";
27 lblInfo. Text + = " < b > mySqlConnection 对象的当前状态为 < b > " +
28 mySqlConnection. State + " < br > ";
29 }
30 catch ( Exception err)
31 {
32 lblInfo. Text = "读取数据库出错";
33 lblInfo. Text + = err. Message;
34 }
35 finally
36 {
37 //关闭与数据库的连接
38 mySqlConnection. Close( );
39 lblInfo. Text + = " < br > < b >关闭连接后的 mySqlConnection 对象的状态为: </b > ";
40 lblInfo. Text + = mySqlConnection. State. ToString( );
41 }
42 }
43 }
```

程序代码说明：在上述范例的程序代码中，我们利用 try catch finally 对数据库连接进行异常处理。当无法连接数据库时将抛出异常，并显示出错信息，见 catch 代码块所示。在此程序中，无论是否发生异常，都可以通过 finally 区块关闭数据库的连接，从而节省计算机资源，提高了程序的效率和可扩展性。

当然，我们还可以采用一种更加简便的方法来实现上述程序的功能。这就是将 SqlConnection 对象包含到 using 区块中，这样程序会自动调用 Dispose（）方法释放 SqlConnection 对象所占用的系统资源，无需再使用 SqlConnection 对象的 Close（）方法。

范例程序代码如下：

```
01 public partial class _Default : System. Web. UI. Page
02 {
03 protected void Page_Load( object sender, EventArgs e)
04 {
05 string connectionString = " server = localhost; database = Northwind;
06 integrated security = SSPI";
07 SqlConnection mySqlConnection = new SqlConnection( connectionString);
08 using ( mySqlConnection)
09 {
10 mySqlConnection. Open( );
11 lblInfo. Text = " < b > mySqlConnection 对象的 ConnectionString 属性为: < b >" +
12 mySqlConnection. ConnectionString + " < br >";
13 lblInfo. Text += " < b > mySqlConnection 对象的 ConnectionTimeout 属性为 < b >" +
14 mySqlConnection. ConnectionTimeout + " < br >";
15 lblInfo. Text += " < b > mySqlConnection 对象的 Database 属性为 < b >" +
16 mySqlConnection. Database + " < br >";
17 lblInfo. Text += " < b > mySqlConnection 对象的 DataSource 属性为 < b >" +
18 mySqlConnection. DataSource + " < br >";
19 lblInfo. Text += " < b > mySqlConnection 对象的 PacketSize 属性为 < b >" +
20 mySqlConnection. PacketSize + " < br >";
21 lblInfo. Text += " < b > mySqlConnection 对象的 ServerVersion 属性为 < b >" +
22 mySqlConnection. ServerVersion + " < br >";
23 lblInfo. Text += " < b > mySqlConnection 对象的当前状态为 < b >" +
24 mySqlConnection. State + " < br >";
25 }
26 lblInfo. Text += " < br > < b > 关闭连接后的 mySqlConnection 对象的状态为: </b >";
27 lblInfo. Text += mySqlConnection. State. ToString( );
28 }
29 }
```

程序代码说明：在上述范例的程序代码中，采用 using（mySqlConnection）的形式使得代码更加简洁，并且其最大的优点就是无需编写 finally 区块代码，可以自动关闭与数据库的连接。

连接池：打开与关闭数据库都是比较耗时的。为此，ADO. NET 自动将数据库连接存放在连接池中。连接池可以大幅度提高程序的性能和效率，因为我们不必等待建立全新的数据库连接过程，而是直接利用现成的数据库连接。注意，利用 Close（）方法关闭连接时，并不是实际关闭连接，而是将连接标为未用，放在连接池中，准备下一次复用。

如果在连接字符串中提供相同的细节，即相同的数据库、用户名、密码等，则可以直接取得并返回池中的连接。然后可以用这个连接访问数据库。使用 SqlConnection 对象时，可以在连接字符串中指定 max pool size，表示连接池允许的最大连接数（默认为 100），也可以指定 min pool size 表示连接池允许的最小连接数（默认为 0）。下面的代码指定了 SqlConnection 对象的 max pool size 为 10，min pool size 为 5。

SqlConnection mySqlConnection = new SqlConnection（" server = localhost; database = Northwind;

integrated security = SSPI;" + "max pool size = 10; min pool size = 5"）;

程序代码说明：在上述范例的程序代码中，程序最初在池中生成 5 个 SqlConnection 对象。池中可以存储最多 10 个 SqlConnection 对象。如果要打开新的 SqlConnection 对象时，池中的对象全部都在使用中，则请求要等待一个 SqlConnection 对象关闭，然后才可以使用新的 SqlConnection 对象。如果请求等待时间超过 ConnectionTimeout 属性指定的秒数，则会抛出异常。

下面通过一个程序来显示连接池的性能优势。在应用此程序过程时我们要先引用 System. Data. SqlClinet 和 System. Text 命名空间。

范例程序代码如下：

```
01 public partial class _Default : System. Web. UI. Page
02 {
03 protected void Page_Load( object sender, EventArgs e)
04 {
05 //设置连接池的最大连接数为5,最小为1
06 SqlConnection mySqlConnection = new SqlConnection(
07 " server = localhost; database = Northwind; integrated security = SSPI;" +
08 " max pool size = 5; min pool size = 1");
09 //新建一个 StringBuilder 对象
10 StringBuilder htmStr = new StringBuilder("");
11 for ( int count = 1; count < = 5; count + + )
12 {
13 //使用 Append()方法追加字符串到 StringBuilder 对象的结尾处
14 htmStr. Append("连接对象 " + count);
```

```
15 htmStr. Append(" < br > ");
16 //设置一个连接的开始时间
17 DateTime start = DateTime. Now;
18 mySqlConnection. Open( );
19 //连接所用的时间
20 TimeSpan timeTaken = DateTime. Now - start;
21 htmStr. Append("连接时间为 " + timeTaken. Milliseconds + "毫秒");
22 htmStr. Append(" < br > ");
23 htmStr. Append("mySqlConnection 对象的状态为" + mySqlConnection. State);
24 htmStr. Append(" < br > ");
25 mySqlConnection. Close( );
26 }
27 //将 StringBuilder 对象的包含的字符串在 label 控件中显示出来
28 lblInfo. Text = htmStr. ToString( );
29 }
30 }
```

　　程序代码说明：在上述范例的程序代码中，我们将在连接池中重复 5 次打开一个 SqlConnection 对象，DateTime. Now 表示当前的时间。timeTaken 表示从连接开始到打开连接所用的时间间隔。可以看出，打开第一个连接的时间比打开后续连接的时间要长，因为第一个连接要实际连接数据库。被关闭之后，这个连接存放在连接池中。再次打开连接时，只要从池中直接读取即可，速度非常快。

　　String 对象是不可改变的。每次使用 System. String 类中的方法之一时，都要在内存中创建一个新的字符串对象，这就需要为该新对象分配新的空间。在需要对字符串执行重复修改的情况下，与创建新的 String 对象相关的系统开销可能会非常昂贵。如果要修改字符串而不创建新的对象，则可以使用 System. Text. StringBuilder 类。例如，当在一个循环中将许多字符串连接在一起时，使用 StringBuilder 类可以提升性能。Append 方法可用来将文本或对象的字符串表示形式添加到由当前 StringBuilder 对象表示的字符串的结尾处。在 ASP. NET 2. 0 中，使用了一种在运行时解析为连接字符串值的新的声明性表达式语法，按名称引用数据库连接字符串。连接字符串本身存储在 Web. config 文件中的 < connectionStrings > 配置节下面，以便易于在单个位置为应用程序中的所有页进行维护。

　　范例程序代码如下：

```
< ? xml version = "1. 0"? >
< configuration >
< connectionStrings >
< add name = "Pubs" connectionString = "Server = localhost;
```

```
Integrated Security = True;Database = pubs;Persist Security Info = True"
providerName = " System. Data. SqlClient" / >
< add name = " Northwind" connectionString = " Server = localhost;
Integrated Security = True;Database = Northwind;Persist Security Info = True"
providerName = " System. Data. SqlClient" / >
</connectionStrings >
< system. web >
< pages styleSheetTheme = " Default"/ >
</ system. web >
</ configuration >
```

程序代码说明：在上述范例的程序代码中，我们在 Web. Config 文件中的 <
connectionStrings > 配置节点下面设置了两个数据库连接字符串，分别指向 pubs
和 Northwind 两个示例数据库。注意，在 ASP. NET 2.0 中引进了数据源控件，例
如 SqlDataSource 控件，我们可以将 SqlDataSource 控件的 ConnectionString 属性设
置为表达式 <%$ ConnectionStrings：Pubs % >，该表达式在运行时由 ASP. NET
分析器解析为连接字符串。还可以为 SqlDataSource 的 ProviderName 属性指定一个
表达式，例如 <%$ ConnectionStrings：Pubs. ProviderName % >。其具体的用法和
新特征将在以后的章节中进行详细的介绍。现在有个基础的了解即可。

当然，我们也可以用下面的方式从配置文件直接读取数据库连接字符串。首
先我们需要引用 using System. Web. Configuration 命名空间，该命名空间包含用于
设置 ASP. NET 配置的类。

```
string connectionString = ConfigurationManager. ConnectionStrings[ " Northwind" ]. ConnectionString;
```

程序代码说明：在上述范例的程序代码中，我们可以利用 ConnectionStrings
[" Northwind"] 读取相应的 Northwind 字符串。同理，可以利用 ConnectionStrings
[" Pubs"] 读取相应的 Pubs 字符串。

首先应该区分 Windows 验证与 Sql 自身验证的区别。

Windows 验证就是 SqlServer 服务器使用 Windows 自带的验证系统，如果你指
定 SqlServer 内 Windows 的一个组有访问的权限，那么加入此组的 Windows 用户都
有访问数据库的权限。此验证有个缺点，就是如果不是在域模式下，无法加入远
程计算机的用户，所以如果使用 C/S 方式写程序的话，使用 Windows 验证无法使
本地计算机的 Windows 账户访问远程数据库服务器。

Sql 验证就简单多了，就是使用 SqlServer 的企业管理器中自己定义由 Sql 控
制的用户，指定用户权限等。这个账户信息是由 SqlServer 自己维护的，所以
SqlServer 更换计算机后信息不会丢失，不用重新设定。

所以如果你的项目使用在一个比较大的网络中，而且对安全要求比较高，那

么应该建立域，使用 Windows 验证，而且要与系统管理员配合详细设定可以访问 SqlServer 的 Windows 账户。如果使用一个小网络，而且此网络仅用来使用项目，对安全没有高要求，那么使用 SqlServer 验证，而且更新、升级等都方便。

Windows 验证与 SqlServer 验证的数据库连接字符串是不同的。

4.2 大宗信息平台数据提取（异地数据提取）

大宗信息平台数据提取研究了各口岸铁矿石数据集中的方式，为方便数据传输，方式设计 WEB 在线录入和批量录入[20]。

4.2.1 界面录入

提供 WEB 界面供口岸局的铁矿石数据维护人员进行铁矿石基本信息和检测信息的输入。

4.2.1.1 新增铁矿石信息

图 4-1 和图 4-2 是新增铁矿石信息基本录入界面。报检号为 15 位，其他信息按铁矿石信息单录入。进口代理、装港检验公司、生产商、矿种、发货人、钢厂、收货人都有输入提示功能，只要输入信息中所含有的字母就可以在下拉框中看到相应的信息。其中矿种信息的提示是根据前面的原产国、生产商进行筛选后提示的。

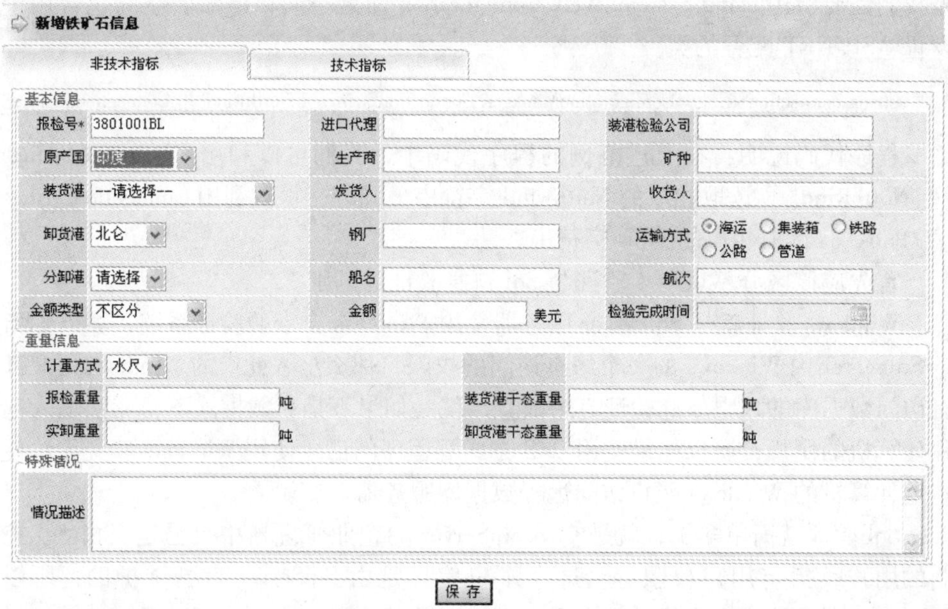

图 4-1 新增铁矿石信息基本录入界面 1

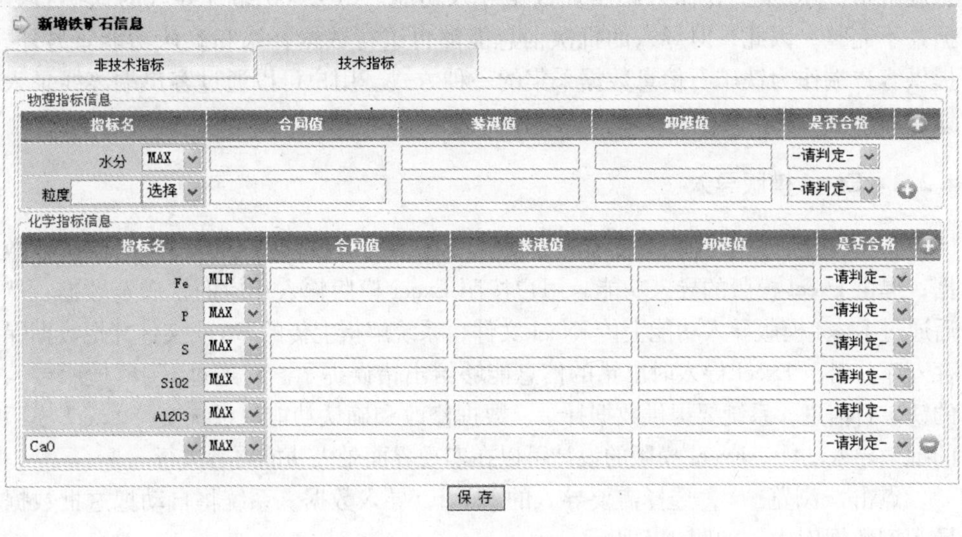

图 4-2 新增铁矿石信息基本录入界面 2

4.2.1.2 铁矿石信息处理界面

图 4-3 是铁矿石信息处理界面，可以在“报检号”处输入要填的报检号进行查询，在状态一栏中显示了该批铁矿石的状态，操作一栏中显示了在改状态下对该批铁矿石进行的操作。“修改”操作提供客户对该批铁矿石的修改，“删除”可以让客户删除该批铁矿石，“回退”只有在铁矿石为确认状态下才可以进行。

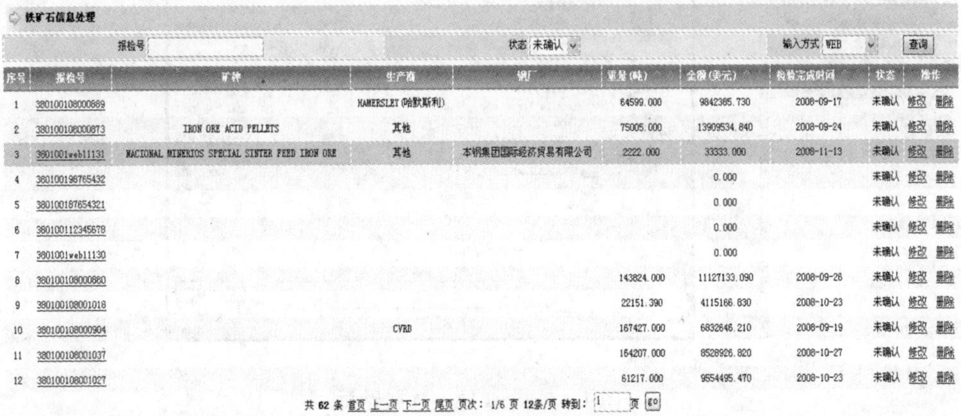

序号	报检号	矿种	生产商	钢厂	重量(吨)	金额(美元)	检验完成时间	状态	操作
1	380100108000869		HAMERSLEY(哈默斯利)		64599.000	9842385.730	2008-09-17	未确认	修改 删除
2	380100108000873	IRON ORE ACID PELLETS	其他		75005.000	13909534.840	2008-09-24	未确认	修改 删除
3	3801001web11131	NACIONAL MINERIOS SPECIAL SINTER FEED IRON ORE	其他	本钢集团国际经济贸易有限公司	2222.000	33333.000	2008-11-13	未确认	修改 删除
4	380100198765432					0.000		未确认	修改 删除
5	380100187654321					0.000		未确认	修改 删除
6	380100112345678					0.000		未确认	修改 删除
7	3801001web11130					0.000		未确认	修改 删除
8	380100108000880				143824.000	11127133.090	2008-09-26	未确认	修改 删除
9	380100108001018				22151.390	4115166.830	2008-10-23	未确认	修改 删除
10	380100108000904		CVRD		167427.000	6832646.210	2008-09-19	未确认	修改 删除
11	380100108001037				164207.000	8528926.820	2008-10-27	未确认	修改 删除
12	380100108001027				61217.000	9554495.470	2008-10-23	未确认	修改 删除

共 62 条 首页 上一页 下一页 尾页 页次：1/6 页 12条/页 转到：1 页 go

图 4-3 铁矿石信息处理界面

可以将 CIQ2000 系统的数据导入采用 XML 报文的方式。首先从 CIQ2000 数据库中抽取出数据生成 XML 格式的报文，然后通过 FTP 服务器传输到外网，由系统解析 XML 报文存储入库实现数据导入功能。CIQ2000 系统导入的铁矿石数据并不完整，因此，对导入的批次信息能够再进行数据补录和确认功能。另外，提供客户端作为铁矿石信息数据采集的一种方式。用户可以通过客户端离线录入铁矿石信息，然后可以选择批量导入到信息平台。

4.2.2 Excel 模版导入

为了方便历史数据录入系统的方便性及在系统离线状态下可以录入铁矿石数据，提供 Excel 模版的导入功能。用户按照 Excel 模版输入相应的铁矿石数据，然后通过 Excel 模版导入功能上传 Excel 文件，系统解析上传的 Excel 文件并把数据保存入库。对于 Excel 导入时出错的信息能够给出错误提示。对通过 Excel 模版导入的铁矿石信息，系统要提供数据补录、数据修改和确认功能。系统支持 Excel 模版的批量导入功能。Excel 模版的设计可以在实现界面录入功能之后进行。

点击"浏览…"，选择需要导入的 Excel，导入数据。系统将自动把这批数据导入到数据库中，如图 4-4 所示。

图 4-4 Excel 导入数据界面

4.3 数据仓库增量表数据提取方法

使用增量表进行数据提取有三个实用的方法：表锁定法、时间戳法和增量表轮转法[26,27]。

4.3.1 使用增量表进行数据提取的框架

数据仓库需要不断地从事务处理型系统中提取数据，而增量表的正确使用能为此工作带来便利。增量表里能暂时存储事务型系统中变化的数据（新增的、更改过的数据），而这些数据是数据仓库系统中还未存在的。这样问题就集中在如何利用增量表处理数据，如按照数据仓库的要求进行转换、清洗、汇总等。这种技术的大体流程为：事务型系统（增量数据）→增量表（转换、清洗、汇总等）→数据仓库。（1）一般来说，增量表不是事务系统的一部分。因为数据仓库进行数据提取时应该尽量少地影响事务处理，所以可以另设一个增量库。增量表的数目可以按照需要设置一个或多个。（2）事务型系统中数据发生变化时，只要这些数据是数据仓库关心的，就应该把数据记录插入到增量表当中。（3）满足一定的条件时就可以对增量表中的数据进行处理。（4）当增量表中的数据处理完毕，就清空该增量表，目的是使得增量表中的数据完全是数据仓库数据的增量。但是必须注意，这个架构容易产生错误。而产生错误的根源就是：对增量表数据的各个操作可能面对操作对象不同。通常对增量表中的数据要进行很多操作，例如，连续多条的 select 语句等。我们可以发现，如果在两条 select 语句之间，事务系统在增量表中插入了新的数据记录，那么两条 select 语句就会面对不同的操作对象。还有，增量表执行完了相关提取操作后，要对增量表进行清空操作，可能会有些新插入的数据记录得不到处理就被删除了。

4.3.2 使用增量表的方法分析

4.3.2.1 方法一：表锁定法

如果数据库系统能够为事务指定"表锁定"，那么这是一种最直观的方法，如下例：

BEGIN TRANSACTION
SELECT ┊FROM incremetable WITH（TABLOCK. HOLDLOCK1
SELECT??
??
DELETE FROM incremetable
COMMIT TRAN

本例使用 BEGIN TRANSACTION… COMMIT TRAN 来定义一个事务，同时使用 TABLOCK，HOLDLOCK 实现在整个事务中进行表锁定。而数据源数据库试图把记录插入到增量表的操作都会被阻塞，一直到这个事务处理完成。这只适用于增量表记录数不多而且对增量表的处理很简单的系统。但是通常的数据仓库系统的增量表都是非常庞大的，处理也非常复杂。

4.3.2.2 方法二：时间戳法

增量表中增加一个时间戳字段，对每一条插入到增量表的记录，在此字段上加入当前时间。这个方法几乎在任何的数据库系统中都能使用。例如：

SELECT FROM incremetable WHERE inserttime < thetime

SELE CT?? WHERE inserttime < thetime

??

DELETE FROM incremetable WHERE inserttime < time

这是一个相当通用的方法。但是必须要注意，给记录加入时间戳的工作是由事务系统完成的，这也要浪费事务系统一部分 CPU 时间。同时理论上也存在操作对象变化的可能，因为时间精度有限，当在最小时间单位中有多条记录插入时，操作对象变化就发生了。由于代价不大和对数据库系统的要求不高，所以本方法几乎在任何场合都可以使用。

4.3.2.3 方法三：增量表轮转法

这个方法能从理论上解决操作对象变化的问题，而且对事务系统的影响很小。其基本思想就是设立多张结构完全一样的增量表，事务系统的数据将在这些表中轮转插入。正在接受事务系统数据插入的表叫做当前插入表。如果要处理当前插入表的数据，必须使用另外一张表代替其成为当前插入表。除了当前插入表，其他的增量表都不接受事务系统的数据插入。需要定义增量表的可能状态有：（1）递增态：增量表为当前插入表。只有处于这种状态下增量表才能接受事务系统的数据，而数据仓库的数据处理操作都不能在此表中进行。（2）处理态：增量表中的数据正在被数据仓库数据提取程序处理。事务系统的数据都不能插入到此表。（3）等待态：增量表已经不是当前插入表，但是数据还没有开始处理。它的下一个状态可以是处理态，也可以是递增态。（4）刷新态：增量表中的数据已经处理完成，并且清空，随时可以切换成为当前插入表。系统初始化时，所有的增量表都处于刷新态。

4.3.3 使用视图实现增量表轮转法

基本思想就是设立多张结构完全一样的增量表，如 incremtable1、incremtable2 等，同时定义视图 incremview。视图从其中一个增量表导出，如：

CREATE VIEW incremview

AS SELECT FROM incremtable1

事务系统的数据统一插入到视图 incremview 中。当要处理当前插入表时，只要改变视图，使得视图和另外一张增量表关联，如：

ALTER VIEW incremview

AS SELECT FROM incremtable2

那么随后插入的数据都会插入到 incremtable2。incremtable1 就可以进行数据清洗、转换、删除等操作，而不必要担心操作对象的改变。对于各张增量表的转态可以在数据库中建立一张表来保存，如：

TABSTAT（incremtableID integer，Done tinyint. Ready tinyint）

对于每一条记录，数据源系统程序完全不需要做任何的判断，都以统一的方式插入到增量视图，如：

INSERT INTO incremview
SELECT FROM inserted

使用视图实现的方法几乎可以在任何场合工作，而且这种方法很灵活，可以适合不同的处理要求。

5 基于 BP 神经网络的铁矿石取样品位波动的校核

铁矿石是重要的炼铁原料，铁矿石的品位波动可因矿山矿体、采矿方法、选矿方法、堆积和采取方法、装/卸方法、交货批质量的变化而改变。因此，任何矿石的品位波动都应经常校核以确定上述变化的影响。一般矿产品的取样标准都必须引用相应的品位波动结果来确定所采取样品份样数，品位选择的表示方式"大"、"中"或"小"，分别代表矿石品位波动是大的、中等的还是小的。不同的品位选择会直接影响所采取样品的代表性及其样品量，也会影响工作人员的实际工作量。以往的方法大都采用人工作业，劳动强度大，时间周期长。按照 ISO3084 对铁矿石进行品位波动校核是一种常规方法，但该方法需要耗费大量的人力和财力，检验校核相当不经济。本章利用 BP 神经网络，采用第四代程序语言 Matlab，利用历年来积累的检验数据或在线粒度检测的部分数据作为学习训练样本，建立数学模型，同时通过 Matlab 的命令行方式、GUI 方式和系统仿真对铁矿石的品位波动进行模拟检验，模拟结果误差小，得到的网络能为相关铁矿石品位波动情况获取提供手段，最终为铁矿石取制样提供品位波动校核依据。用神经网络来判断铁矿石的品位波动，可以将原本需要大量人工劳力辅助的铁矿石品质波动评定，变成只需计算机运算的模拟处理，使品位波动评估大大简单化，也可以进一步规范铁矿石取制样程序，大大降低实验成本，同时可为 ISO 相关标准的进一步修订提供依据[39]。

5.1 铁矿石品位差异产生的原因

5.1.1 对初采的铁矿石未进行混料加工

无论是露天作业还是地下开采，即使是直接开采就能使用的商品矿，初采的铁矿石除部分品位高的富矿外，其余大多是含有大量脉石的贫矿，有时富矿中也会因铁矿石矿物组成不同而引起品位不一致，因此同一矿点开采出来的铁矿石品位会不均匀。一些操作规范的矿山一般将初采的铁矿石进行碎矿、磨矿、分选、富集、混匀等工艺加工；但也有一些条件差的铁矿山，由于缺乏对矿产品前期加工的设备投入，采剥水平差，将未进行任何加工处理的初采矿直接用来销售，其铁矿石多会产生品位不匀。

5.1.2 不同品位矿点出产的铁矿石混装

有些铁矿石产地矿山规模比较小，而矿公司多，一次交易的铁矿石数量大，造成一条大吨位铁矿船所载铁矿石分别来自多个不同品位的矿山或公司，而在装船时又未将其进行混匀等处理，甚至同一货舱的铁矿石来自多地，很容易引起整船铁矿石品位不匀。在这种情况下，有时可观察到同一船舱的上下层铁矿石的颜色也有所不同，就是因为上下层铁矿石是来自不同矿山的缘故。

5.1.3 粉块差异大的铁矿石

在铁矿石运输、装卸、堆存等过程中，颠簸、风力、滚动、运动等会造成铁矿石大小颗粒的分离。根据不同铁矿石的矿物特性，有的铁矿石大颗粒的品位高于小颗粒，有的却小颗粒的品位大于大颗粒。因此粉块差异大的铁矿石有时品位也会极不均匀。一般情况下颗粒大的铁矿石品位相对较高，这是因为大颗粒铁矿石的矿物纯度较高，硬度也大，尤其是磁铁矿。

5.1.4 生产时破碎设计不当

在铁矿石粗破碎、中破碎和细破碎作业中，矿石粒度（粗粒级）、硬度（坚硬类型矿石）的波动对破碎有一定的影响，对旋回破碎机，当给矿粒度变小时，矿石只通过破碎机而不被破碎，当给矿粒度过粗时，破碎机处理量降低；对标准或短头圆锥破碎机，当给矿粒度变小时，破碎部分和破碎空间的充填率减小，而导致破碎矿石粒度增大，金属矿物解离度不足，这些均会导致铁矿石品位不均匀。另外，在干式和湿式磁选作业中，矿石粒度、含铁量（磁铁矿中的铁）的波动导致精矿质量降低和尾矿中铁流失增加。在浮选作业中，粒度的改变会导致精矿质量和尾矿中铁成分流失。

5.2 神经网络在品位波动确认中的应用

5.2.1 基本原理及介绍

利用多年来某产地批次或多产地批次品种铁矿石的相关品质特征信息输入人工神经网络的数学模型进行迭代运算，如粒度、水分、成分分析检测结果，产地、品种、矿山、加工工艺、船舶运输，以及其他相关铁矿石商品信息，目的是利用"输入-目标"样本矢量数据对网络进行学习、训练，最终达到能自动确认未知铁矿石交货批品位波动情况的效果。无论是手工还是机械取样，在取样前必须确认所取交货批铁矿石的品位波动情况，原先手段的取样工作量极其繁重，采用神经网络技术及多年来积累的铁矿石品质特征信息，以及利用 Matlab 神经网络工具箱的强大功能，可以大大解放劳动力[8,37]。

5.2.1.1　神经网络工具箱及函数

神经网络工具函数主要分为两部分，一部分是特别针对某一类型的神经网络，如感知器创建函数、BP 网训练函数等；另一类是通用型的，几乎可用于所有的神经网络，如神经网络仿真函数、初始化函数、训练函数等。

5.2.1.2　通用函数

通用函数有神经网络仿真函数（sim）、神经网络训练函数（train、trainb、adapt）、神经网络学习函数（learnp、learnpn）、初始化函数（revert、init、init-lay、initnw、initwb）、神经网络调入函数（netsum、netprod、concur）、传递函数（hardlim、hardlims）、权值求积函数（dotprod）[4]。

5.2.1.3　神经网络函数的种类

神经网络函数有感知器神经网络函数、线形网络的神经网络函数、反向传播网络（BP）的神经网络函数、反馈神经网络（动态神经网络）函数、径向基网络的神经网络函数、自组织竞争网络的神经网络函数。

BP 人工神经网络原理如图 5-1 所示。

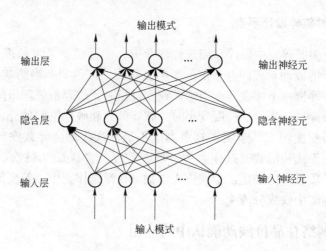

图 5-1　BP 人工神经网络原理图

5.2.2　神经网络的铁矿石确认

5.2.2.1　利用成分检验结果确认品位波动

A　网络设计

采用 BP 网设计一个状态分类器，利用每交货批进口铁矿石的成分分析结果作为状态样本数据，分别对应品位波动的大、中、小，最终达到能够判别品位波动的目的。

首先，选择某一时间阶段来自不同产地的 50 个交货批铁矿石粉矿，选其全铁、磷、硫的合同值、国外检验值和口岸机构检验值，得50组状态样本值，其中包括品位波动为大、中、小的数据，见表5-1。

表5-1　状态样本数据

a	b	c	d	e	f	g	h	i	j	k
CVRD	64.00	66.29	66.34	0.05	0.020	0.0225	0.03	0.004	0.0023	小
哈默斯利	57.00	58.58	58.72	0.050	0.053	0.0524	0.050	0.002	0.014	小
MMTC	66.00	66.10	65.80	0.050	0.036	0.037	0.010	0.008	0.003	中
印度矿	62.00	62.75	62.88	0.070	0.035	0.0276	0.020	0.012	0.0088	中
CVRD	64.00	66.27	66.48	0.06	0.023	0.023	0.05	0.004	0.002	小
哈默斯利	62.00	63.82	63.84	0.07	0.069	0.0683	0.05	0.023	0.0193	小
哈默斯利	62.00	63.67	63.75	0.070	0.073	0.072	0.050	0.020	0.018	小
纽曼山	12.00	63.45	63.48	0.07	0.070	0.0699	0.03	0.010	0.0072	小
杨迪	58.0	58.41	58.40	0.05	0.043	0.0408	0.05	0.012	0.0094	小
纽曼山	62.00	63.48	63.26	0.08	0.070	0.068	0.03	0.015	0.009	小
哈默斯利	62.00	64.15	64.10	0.070	0.062	0.062	0.050	0.014	0.014	小
委内瑞拉矿	63.90	65.78	65.60	0.09	0.071	0.0721	0.05	0.012	0.0221	小
MBR	66.50	67.82	67.68	0.050	0.034	0.034	0.015	0.005	0.0028	小
哈默斯利	62.00	63.31	63.28	0.070	0.069	0.071	0.050	0.020	0.021	小
杨迪	58.0	58.44	58.37	0.05	0.043	0.0435	0.05	0.008	0.0092	小
CVRD	64.00	66.16	66.34	0.06	0.024	0.021	0.05	0.005	0.001	小
纽曼山	62.00	63.08	63.14	0.07	0.071	0.065	0.03	0.01	0.009	小
哈默斯利	62.00	63.66	63.48	0.070	0.068	0.067	0.050	0.012	0.012	小
哈默斯利	62.00	63.41	63.18	0.070	0.072	0.072	0.050	0.013	0.010	小
FERTECO	67.00	67.27	67.40	0.05	0.038	0.0371	0.007	0.004	0.0017	小
MBR	66.50	67.44	67.34	0.05	0.037	0.036	0.015	0.007	0.003	小
杨迪	58.0	58.32	58.05	0.05	0.042	0.0416	0.05	0.010	0.0131	小
MBR	66.50	67.20	67.34	0.05	0.034	0.0316	0.015	0.006	0.0030	小
依斯科	65.00	65.53	65.58	0.065	0.058	0.051	0.045	0.012	0.018	小
CVRD	65.5	66.45	66.54	0.035	0.024	0.024	0.035	0.004	0.002	小
CVRD	63.00	63.59	63.82	0.050	0.031	0.0324	0.020	0.0058	0.0029	小
阿索马	65.00	64.24	64.49	0.07	0.036	0.034	0.055	0.01	0.016	小
FERTECO	64.00	65.2	65.42	0.055	0.035	0.035	0.01	0.0038	0.0018	小
CVRD	64.00	66.43	66.59	0.05	0.024	0.0263	0.03	0.003	0.0011	小
秘鲁矿	66.00	67.07	66.78	0.045	0.021	0.023	0.50	0.366	0.291	大

续表 5-1

a	b	c	d	e	f	g	h	i	j	k
秘鲁矿	66.00	67.07	66.78	0.045	0.021	0.023	0.50	0.366	0.291	大
MBR	66.50	67.26	67.52	0.05	0.049	0.0497	0.015	0.006	0.0045	小
MBR	67.00	67.68	67.71	0.050	0.033	0.0334	0.010	0.004	0.001	小
CVRD	64.00	66.46	66.56	0.06	0.025	0.023	0.50	0.005	0.001	小
哈默斯利	61.00	63.67	63.68	0.08	0.071	0.074	0.05	0.021	0.018	小
纽曼山	63.50	64.62	64.62	0.05	0.037	0.039	0.04	0.005	0.004	小
杨迪	58.0	58.44	58.27	0.05	0.041	0.0425	0.05	0.011	0.0108	小
哈默斯利	62.00	63.64	63.72	0.070	0.067	0.0722	0.050	0.017	0.0154	小
纽曼山	62	63.93	63.73	0.07	0.067	0.0676	0.03	0.011	0.0072	小
哈默斯利	62.00	64.14	63.96	0.08	0.066	0.069	0.05	0.013	0.014	小
哈默斯利	62.00	63.47	63.36	0.070	0.070	0.072	0.050	0.022	0.022	小
依斯科	65.00	65.80	65.57	0.065	0.058	0.060	0.045	0.011	0.015	小
阿索马	65.00	65.02	64.12	0.07	0.034	0.036	0.055	0.01	0.016	小
印度矿	65	66.13	65.84	0.06	0.042	0.0354	0.01	0.005	0.0021	中
秘鲁矿	66	67.82	66.92	0.045	0.022	0.024	0.40	0.310	0.318	大
秘鲁矿	66	67.82	66.92	0.045	0.022	0.024	0.40	0.310	0.318	大
秘鲁矿	68	70.37	70.08	0.02	0.009	0.007	0.22	0.137	0.150	大
罗布河	64.00	66.37	66.44	0.05	0.023	0.0201	0.03	0.004	0.0014	小
依斯科	65	65.67	65.40	0.065	0.055	0.054	0.045	0.010	0.012	小
印度矿	64	65.65	65.44	0.06	0.051	0.0396	0.02	0.008	0.0040	中

　　注：a—产地公司；b—合同 TFe 值；c—国外 TFe 值；d—国内 TFe 值；e—合同 P 值；f—国外 P 值；g—国内 P 值；h—合同 S 值；i—国外 S 值；j—国内 S 值；k—品位。

　　为简化网络结构将大、中、小分别以 (0, 0, 1)、(0, 1, 0)、(1, 0, 0) 表示。根据 Kolmogorov 定理，采用 $N \times (2N+1) \times M$ 的 3 层 BP 网，这里输入特征向量的分量数 $N=9$，即输入层为 9 经元，输出状态类别总数 $M=3$，即输出神经元为 3 经元，中间为 19 神经元。BP 网的训练函数为 trainlm，学习函数默认值为 learngdm，性能默认值为 mse，函数 minmax 设定了输入向量元素的阈值范围。

　　B　数据归一化

　　数据归一化是为了加快训练网络的收敛性，使得所有样本的输入信号其均值接近于 0 或与其均方差相比很小。归一化将有量纲的表达式化为无量纲的表达式，目的是为了：（1）避免具有不同物理意义和量纲的输入变量不能平等使用；（2）BP 网中常采用 sigmoid 函数作为转移函数，归一化能够防止净输入绝对值过大引起的神经元输出饱和现象；（3）保证输出数据中数值小的不被吞食。数据可以不进行归一化处理，但这样会使运算速度减慢。归一化在 ［0，1］ 之间是统计的概率分布，归一化在 ［-1，+1］ 之间是统计的坐标分布。但有时归一化处理也并不理想，用标准化等其他统计变换方法有时可能更好。

归一化方法主要有如下几种：（1）线性函数转换；（2）对数函数转换；（3）反余切函数转换。可以利用 premnmx 语句进行归一化，premnmx 函数用于将网络的输入数据或输出数据进行归一化，归一化后的数据将分布在 ［-1，1］ 区间内。在训练网络时如果所用的是经过归一化的样本数据，那么以后使用网络时所用的新数据也应该和样本数据接受相同的预处理，这就要用到 tramnmx。tramnmx 函数语法格式是：［Pn］= tramnmx（P，minp，maxp），其中 P 和 Pn 分别为变换前、后的输入数据，maxp 和 minp 分别为 premnmx 函数找到的最大值和最小值。除 premnmx 函数外，matlab 中的归一化处理还有 postmnmx、tramnmx、restd、poststd、trastd。

C 网络训练

设 P 为网络输入样本向量，T 为网络的目标向量，分别将表 5-1 的数据转换为 mat 文件存于 Matlab 的 Workspace，默认学习函数为 learngdm，默认训练函数为 trainlm，默认循环 100 次，默认训练误差为 0，程序代码为：

```
> > load P;load T;
> > net = newff(minmax(P),[9,19,3]);
net = train(net,P,T)
```

训练 100 次后，虽然误差尚未达到 0，但误差已经相当小了，见图 5-2。

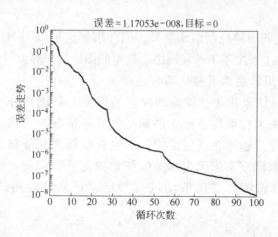

图 5-2 网络训练结果

D 网络测试

网络测试的目的是为了确定网络是否满足实际要求，表 5-2 为三种不同品位的数据，数据结构与训练样本一致。设 P_test 为网络测试输入向量，测试模拟的句法为：

$$Y = sim(net, P\_test)$$

则输出结果为：

$$Y =$$
$$\begin{matrix} 1.0000 & -0.9875 & -0.0469 \\ 0.0075 & 1.0000 & -0.0178 \\ 0.0003 & -0.0002 & 0.9997 \end{matrix}$$

模拟测试后的输出结果与表 5-2 的品位结果 [1 0 0；0 1 0；0 0 1] 基本对应，该 BP 网络设计很有效。

表 5-2　测试数据

a	b	c	d	e	f	g	h	i	j	k
哈默斯利	61	63.45	63.37	0.08	0.067	0.0671	0.05	0.015	0.0102	小
印度矿	64	65.87	65.22	0.06	0.053	0.0364	0.02	0.007	0.0036	中
秘鲁矿	68.00	70.33	69.96	0.02	0.010	0.007	0.25	0.152	0.126	大

注：a—产地公司；b—合同 TFe 值；c—国外 TFe 值；d—国内 TFe 值；e—合同 P 值；f—国外 P 值；g—国内 P 值；h—合同 S 值；i—国外 S 值；j—国内 S 值；k—品位。

E　GUI 方式

除命令行形式调用神经网络函数外，同样事例也可以用 Matlab 的 GUI 方式解决，Matlab 提供了一个基于神经网络工具箱的图形用户界面（GUI）。

5.2.2.2　利用粒度结果确认品位波动

上述利用成分结果作为品位波动判定的依据，只能在分析测试完成后进行，因此已经失去了在取样前预先得知品位波动情况的需求。铁矿石取样及粒度筛分是在卸货过程中在线完成的，如果在取样之初能够发现品位波动情况，还来得及对取样方案依照实际品位波动情况进行调整。本例还是采用上述 BP 神经网络对铁矿石品位波动进行判定，只是最后测试一下系统仿真转换。

A　训练样本选择

随机选择进口铁矿石粉矿 6 交货批，选取特征参数为交货批数量、粒级、最初 5 个粒度测试结果，根据以往品位经验赋予品位被动情况，形成训练样本见表 5-3，测试样本见表 5-4。品位波动大、中、小也可以采用 [1 0；0 1；1 1] 来描述，这样可以减少网络的复杂性，即输出神经元可以为 2。

表5-3 训练样本数据

a	b	c	d	e	f	g	h	i
智利	12767.7	6.3	4.29	4.53	4.89	4.65	4.63	大
印度	10345.7	10	2.63	2.26	4.62	3.39	2.53	中
巴萨	13673.9	9.5	2.2	2.02	2.02	2.23	2.02	小
罗布河	21499.4	8	2.59	2.96	2.15	2.78	3.49	小
澳哈	9334.7	9.5	11.76	11.48	11.95	11.27	11.6	小
BHP	13693.2	6.3	14.23	13.97	14.65	13.4	13.73	小

注：a—产地公司；b—总数量；c—粒级；d—测试1；e—测试2；f—测试3；g—测试4；h—测试5；
i—品位。

表5-4 测试样本数据

a	b	c	d	e	f	g	h	i
罗布河	14411.3	8	2.01	1.64	1.77	2.02	1.79	小
澳哈	13814.7	8	2	2	1.83	1.68	2.04	小

注：a—产地公司；b—总数量；c—粒级；d—测试1；e—测试2；f—测试3；g—测试4；h—测试5；
i—品位。

B 网络创建

建立输入神经元为7、中间神经元为15和输出神经元为2的BP网络，默认学习函数为learngdm，默认训练函数为trainlm，默认循环100次，默认训练误差为0。

C 网络训练

设P为网络输入样本向量，T为网络的目标向量，Ptest为网络测试输入向量。分别将表5-3、表5-4的数据转换为mat文件存于Matlab的Workspace，数据需要转置，程序代码为：

```
>> load P;load T;load Ptest;
>> net = newff(minmax(P),[7,15,2]);
net = train(net,P,T)
```

训练循环25次显示一次，训练结果见图5-3。

D 网络测试

```
>> sim(net,Ptest)
```

得：

```
ans =
    0.7500    0.7500
    0.7500    0.7500
```

网络测试结果与测试目标 [1 1；1 1]，即小品位非常接近。从网络训练的结果看，虽然训练误差不是非常小，但还是可以判断出结果。

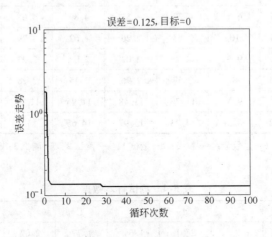

图 5-3 训练结果

E 系统仿真转换

可以利用 gensim 函数将所建的神经网络转换为相应的 Simulink 形式。在 Matlab 的工具箱中，包含专门用于在 Simulink 中构建和设计神经网络的工具模块，利用 gensim 函数可直接将设计好的神经网络进行可视化仿真，调用 Simulink 神经网络模块组可直接在 Matlab 命令行键入 neural 打开。gensim 函数的调用格式为：gensim（net，st），st 为仿真步长，缺省为 1，如果网络中不含输入或网络延迟环节，则可将 st 设为 -1，表示对神经网络进行连续仿真。

因此，在上述网络测试结束后输入命令：

> > gensim(net)

会自动进入并生成含有封装的神经网络模块的 Simulink 神经网络模块组。其实，封装的神经网络模块内部结构很复杂。可以双击 Neural Network 封装模块，观察其内部结构，并一次次双击打开一层层网络的内部结构。系统仿真封装模块，其作用相当于单板机中某一 EEPROM 内存储的固定程序，对模块进行参数设置，然后运行仿真模块，运行结束后，打开输出显示示波器，可见仿真运行结果。

6 小波时间序列分析铁矿石品位波动预测

时间序列分析是概率统计学的一门重要的应用分支，在金融经济、气象水文、信号处理、机械振动等领域应用广泛。本章利用时间序列预测，将某产地某品种进口铁矿石在卸载时的在线粒度检测结果，结合小波分析，应用 Matlab 分别用三种模型预测其品位波动情况，然后根据预测的品位情况安排取样方案。

6.1 概述

时间序列为按时间顺序排序的一组数据，它可以反映事物随时间变化的规律。铁矿石的取样标准需要引用相应的品位波动结果来确定所采取样品份样数，品位选择的表示方式"大"、"中"或"小"，分别代表矿石品位波动是大的、中等的还是小的，不同的品位计算出来的份样数是不一样的。全自动机械铁矿石取制样设备是一种在铁矿石卸载过程中能在线检测粒度的设施，根据交货批铁矿石的品位波动情况，结合交货批数量设定份样数，可由机器自动按等时间或等重量间隔采取份样并记录每个份样的粒度测定值，最终计算出交货批的总体粒度结果。每个交货批铁矿石每个份样的粒度检测结果可以按时间进程形成一组时间排序数据，这为时间序列分析铁矿石品位波动预测创造了条件。小波变换是时间序列分析的最有效的数据挖掘工具之一，它可以降低原先复杂时间序列信号的维度，分离各叠加信息项，提取有效信息进行模式识别，最终达到预测未知交货批铁矿石品位的目的。本章主要从实际应用角度讨论小波时间序列对铁矿石品位波动的预测，预测尽可能避免一些数学原理的解释和推导。

6.2 Matlab 简介

6.2.1 Matlab 产生的背景

Matlab 诞生于 20 世纪 70 年代，它是 MathWorks 公司开发的一种主要用于数值计算及可视化图形处理的工程语言，它将数值分析、矩阵运算、图形图像处理、信号处理、仿真等各种功能集成在交互式计算机环境中，为科学研究、工程应用和仿真提供了一种功能强大、效率高的编程工具。Matlab 语言不同于其他高级语言，它被称为第四代计算机语言，Matlab 语言使人从繁琐的程序代码中解放出来。它丰富的函数无需开发者重复编程，Matlab 允许用数学形式编写程序，因此比 FORTRAN、C 语言更加接近我们书写计算公式的思维方式。Matlab 的名字由 Matrix（矩阵）和 Laboratory（实验室）两词的各 3 个字母组合而成，由美国新墨西哥大学计算机系主任 Cleve Moler 博士在讲线性代数的过程中，构思为学生设计的一组用 FORTRAN 编写的初级 Matlab。1984 年，J. Little、Cleve Moler 和 S. Bangert 合作成立 MathWorks 公司，专门从事 Matlab 的开发，并将其推向了市场。之后，随着计算机及其操作系统的发展，MathWorks 公司一直在推出新的 Matlab 功能模块，如数据视图功能、Simulink、符号计算工具包、与外部进行直接数据交换的组件，从 1993 年的 3.0 版本到 2012 年的 Matlab R2012b，已经发展到 64 位，其所含功能模块越来越强大[3]。

6.2.2 Matlab 的主要特点

由于 Matlab 具有上述优点，因此为数学分析、算法开发、应用程序开发提供了一个良好的环境[4]。

（1）科学计算：Matlab 有 500 多种数学、统计和工程函数，可使使用者立即实现强大的数学计算功能。

（2）可视化工具：Matlab 提供了功能强大的、交互式二维、三维绘图功能，可绘制彩色图形。可视化工具包括：曲面渲染、线框图、伪彩图、光源、三维等高线、图像显示、动画、体积可视化等。利用 Handle Graphics 还可创建自己的图形用户界面。

（3）第四代语言：Matlab 包含的函数库也是一种高级的编程语言，可利用这些函数开发自己的程序。这些所有的工具箱函数，都是用 m 文件编写的。

（4）开放可扩展：m 文件是 Matlab 的程序，可以查看源代码。开放的系统设计使我们能够检查算法正确与否，修改已有的函数，或加入新部件，甚至是自编的部件。

（5）多领域工具箱和模块组：Matlab 为各工程领域及科学提供了特殊的应用支持，这些工具箱和模块组可以组合使用，可扩展性强。

另外，MathWorks 公司还开发了一个庞大的系统家族，主要是 Matlab 家族和 Simulink 家族，自己可以开发各种工具箱和模块组，因此 Matlab 为用户提供了一个强大的系统平台。

6.2.3 Matlab 小波变换工具箱

利用 Matlab 进行小波分析可以利用 Matlab 的命令行或 GUI 两种方式。

6.2.3.1 命令行方式

命令行方式是直接用程序代码调用函数模块和操作的方式，它虽然需要记忆大量的命令代码，但通用性强，灵活易用。

6.2.3.2 图形接口工具（GUI）

Matlab 小波工具箱的 GUI 界面如图 6-1 所示。主菜单显示一维工具有 4 种，二维工具有 2 种，多尺度一维工具有 2 种，显示工具有 2 种，小波设计 1 种，一维专门工具 5 种，二维专门工具 3 种，延拓工具 2 种。

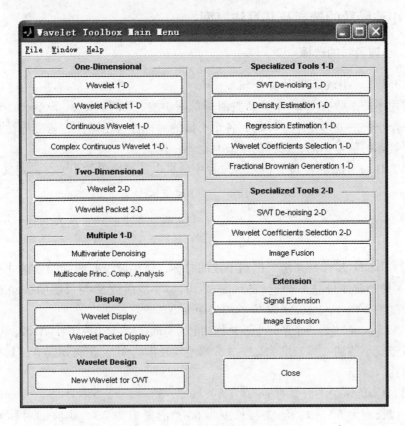

图 6-1　小波工具箱的 GUI 界面

6.2.3.3 小波工具箱图形窗口的工具消噪

以一维离散小波分析为例，说明小波工具箱图形窗口工具的使用方法。

（1）启动 Wavelet 1—D 工具。

（2）装载信号：在主菜单中选择 File→Load Signal 菜单命令，选择 Matlab 安装目录下的 toolbox/wavelet/wavedemo 子目录中的 sumlichr. mat 文件。可以看出，左边是信号的显示区域，右边是对信号进行小波分析的各种按钮和参数选择设置框。

（3）分析信号：在小波包基函数 Wavelet 选择框选取 dbN，分解层次 Level，然后在出现的阈值参数框里选择阈值，再单击"Analyze"按钮对信号进行小波分解。所得窗口右边有些选择框。该窗口垂直方向的黄点线代表系统自动选取的一个阈值，这个值是在置零系数的百分比（图中随阈值增加而增加的蓝色曲线）和压缩后保留的信号能量百分比（图中随阈值增加而减小的紫色曲线）之间进行折中得到的。这意味着小波包分解后的所有小于该阈值的高频系数将被舍弃。

（4）消噪：单击"De-noise"按钮，得消噪结果。

6.3 小波函数的选择及其算法模型

6.3.1 小波函数的选择

6.3.1.1 小波函数种类介绍

常用小波函数有 Haar 小波、墨西哥草帽小波、Daubechies、Symlets、Coiflets 等，每个小波的波形是不一样的，各个小波的对称性、正则性、紧支撑性都不一样。要处理的信号不同，选择的小波基也不一样。

（1）Haar 小波是小波分析发展过程中最早也是最简单的小波。其定义为：

$$\varphi = \begin{cases} 1 & 0 \leqslant x \leqslant 1/2 \\ -1 & 1/2 \leqslant x \leqslant 1 \\ 0 & 其他 \end{cases}$$

（2）Daubechies 是系统二进制小波的总称，该小波没有明确的表达式，记为 dbN，N 为小波序号（$N = 1, 2, 3, \cdots, 10$），小波函数 Ψ 与尺度函数 Φ 的有效支撑长度为 $2N-1$，小波函数 Ψ 的消失矩为 N。

（3）Symlets 也是一个系列小波总称，记为 $symN$，N 为小波序号（$N = 2, 3, \cdots$），此类双正交小波的支撑长度为 $2N-1$，滤波器长度为 $2N$，消失矩为 N，具有近似的对称性。

（4）Coiflets 是小波具有 $coifN$（$N = 1, 2, 3, 4, 5$）5 种小波，为双正交小波，支撑长度为 $6N-1$，滤波器长度为 $6N$，消失矩为 $2N$，小波的对称性要优于 dbN。

（5）Biorthogonal 的小波特点是具有线性相位，可以应用于序号与图像的重构，表示为 bioNr. Nd 的形式：

Nr = 1　　　　Nd = 1, 3, 5

Nr = 2　　　　Nd = 2, 4, 6, 8

Nr = 3　　　　Nd = 1, 3, 5, 7, 9

Nr = 4　　　　Nd = 4

Nr = 5　　　　Nd = 5

Nr = 6　　　　Nd = 8

d 表示分解，r 表示重构。

（6）Meyer 为具有一定衰减性的规范正交基，是一种快速小波算法。它在频域具有紧支集，在时域无穷可微。

（7）Dmeyer 即离散的 Meyer 小波。

（8）Gaussian 小波为高斯密度函数的微分形式，是一种非正交与双正交的小波，没有尺度函数。

（9）Mexican hat 为墨西哥小帽，为小波函数的二阶导数，其尺度函数不存在。

（10）Morlet 小波定义为：

$$\psi(x) = Ce^{\frac{x^2}{2}}\cos 5x$$

（11）ReverseBior 小波由 Biorthogonal 而来，两者很类似。

（12）Complex Gaussian 属于一类复小波。

（13）Complex Morlet 也是一类复小波。

常用小波一般为 Haar 小波、Daubechies 小波等。

6.3.1.2 Daubechies 系列小波选用

鉴于上述各种小波的特点，本项目选择 Daubechies 小波为母小波。Daubechies 是由法国小波学者 Ingrid Daubechies 创造的，她发明的紧支集正交小波使得小波的研究从理论发展为实用。Daubechies 系列小波的特点是随着阶次增大，消失矩阶数越大，频带划分效果越好，但是会使时域紧支撑性减弱，同时计算量大大增加，实时性变差。因此，在进行阶次选择时，不但要注重算法本身的效果，也应兼顾算法的效率，阶数较大的 Daubechies 系列小波，如 Daubechies20 等，虽然具有更好的频带划分效果，但同时显著增加了计算时间，达不到实时检测的要求；而阶数过小的 Daubechies 系列小波（如 Db3），由于其消失矩阶数小，划分的频带比较粗糙，所以如何选择还要视情况而定。Daubechies 小波应用非常广泛，当 $N = 2$ 时，它就成为 Haar 小波，因此在本项目中，它可以对同一时间序列信号进行不同层次的分解，测试结果易于比对优化。

下面是一段使用 Matlab 小波分解和重构的代码：

```
%%%%%%%%%%%%%%%%%%%%%%%%%%%%%%%
%%对具体信号进行多尺度单支重构
%%%%%%%%%%%%%%%%%%%%%%%%%%%%%%%
subplot(511);plot(s);%%%s 为原始信号
title('原始信号');
%使用小波函数对信号进行分解
[c,l] = wavedec(s,8,'db5');
%%%第1层
d1 = wrcoef('d',c,l,'db5',1);subplot(512);plot(d1);title('第1层高频重构信号');
a1 = wrcoef('a',c,l,'db5',1);subplot(513);plot(a1);title('第1层低频重构信号');
```

%%%第2层
d2 = wrcoef('d',c,l,'db5',2);subplot(514);plot(d2);title('第2层高频重构信号');
a2 = wrcoef('a',c,l,'db5',2);subplot(515);plot(a2);title('第2层低频重构信号');
figure(2);
%%%第3层
d3 = wrcoef('d',c,l,'db5',3);subplot(611);plot(d3);title('第3层高频重构信号');
a3 = wrcoef('a',c,l,'db5',3);subplot(612);plot(a3);title('第3层低频重构信号');
%%%第4层
d4 = wrcoef('d',c,l,'db5',4);subplot(613);plot(d4);title('第4层高频重构信号');
a4 = wrcoef('a',c,l,'db5',4);subplot(614);plot(a4);title('第4层低频重构信号');
%%%第5层
d5 = wrcoef('d',c,l,'db5',5);subplot(615);plot(d5);title('第5层高频重构信号');
a5 = wrcoef('a',c,l,'db5',5);subplot(616);plot(a5);title('第5层低频重构信号');
figure(3);
%%%第6层
d6 = wrcoef('d',c,l,'db5',6);subplot(611);plot(d6);title('第6层高频重构信号');
a6 = wrcoef('a',c,l,'db5',6);subplot(612);plot(a6);title('第6层低频重构信号');
%%%第7层
d7 = wrcoef('d',c,l,'db5',7);subplot(613);plot(d7);title('第7层高频重构信号');
a7 = wrcoef('a',c,l,'db5',7);subplot(614);plot(a7);title('第7层低频重构信号');
%%%第8层
d8 = wrcoef('d',c,l,'db5',8);subplot(615);plot(d8);title('第8层高频重构信号');
a8 = wrcoef('a',c,l,'db5',8);subplot(616);plot(a8);title('第8层低频重构信号');

6.3.2 Daubechies 小波函数的算法模型

6.3.2.1 Daubechies 小波模型

Daubechies 系列小波简称为 db$N$ 小波，db 为小波名的前缀，除 db1 小波等同于 Haar 小波外，其余的 db 系列小波函数没有解析的表达式。但 db 系列小波的双尺度差分方程的系数 h_n 有简单的表达式。

设 $P(y) = \sum_{k=0}^{N=1} C_k^{N-1+k} y^k$，其中 C_k^{N-1+k} 为二项式系数，那么 h_n 就可以用如下的形式表示：

$$|m_0(\omega)|^2 = \left[\cos\left(\frac{\omega}{2}\right)\right]^N P\left[\sin^2\left(\frac{\omega}{2}\right)\right] \tag{6-1}$$

其中：

$$m_0(\omega) = \frac{1}{\sqrt{2}} \sum_{k=0}^{2N-1} h_k e^{-ik\omega}$$

6.3.2.2 小波降噪原理

在实际应用中，常常将小波及变换离散化，即：

$$\psi_{m,n}(t) = a_0^{-m/2}\psi(a_0^{-m}t - nb_0) \tag{6-2}$$

离散小波变换为：

$$T_{m,n}(f) = a_0^{m/2}\int_{-\infty}^{+\infty}f(t)\psi^*(a_0^{-m}t - nb_0)\,\mathrm{d}t \tag{6-3}$$

小波变换对不同的频率成分（相应于 a_0^{-m}）在时域上的取样步长（即 $a_0^{-m}b$）是可调节的，高频者（m 值较小）小，低频者（m 值较大）大。它将信号分解成多种尺度成分，并且对于大小不同的尺度成分采用相应粗细的时域或频域取样步长，从而能聚焦信号的每一微小细节。在应用小波变换方法对信号进行分解和重构时，一般采用 Mallat 塔式算法。将仪器记录下来的信号离散化为($S_2^0 f(n)$)，同时用离散滤波器 H 和 G 来表示 $\psi_{m,n}(\tau)$。

$$H = |h_p|G = |g_q| \quad p,q \in z \tag{6-4}$$

于是信号可作下列分解：

$$S_{2^j}f = H \cdot S_{2^{j-1}}f \tag{6-5}$$

$$W_{2^j}f = G \cdot S_{2^{j-1}}f \tag{6-6}$$

$S_{2^j}f$ 和 $W_{2^j}f$ 分别称作信号 $f(t)$ 在 2^j 分辨率下的离散逼近和离散细节。$S_{2^j}f$ 代表低频部分，即频率不超过 2^j 的部分；$W_{2^j}f$ 代表高频部分，即频率介于 2^{-j} 和 2^{-j+1} 之间的部分。这样，Mallat 算法将信号 f 分解成了不同频率通道成分。

对于有限离散二进小波变换，重构数字信号的计算方法为：

$$S_{2^{j-1}}f = H^* \cdot S_{2^j}f + G^* \cdot W_{2^j}f \tag{6-7}$$

式中，H^* 和 G^* 分别是 H 和 G 的共轭转置矩阵。对于所观察的分析信号而言，噪声具有较高的频率。因此，对原始测量数据进行若干次分解后，就可将噪声从测量信号中去除而得到净或比较净的分析信号。

6.3.2.3 小波的信号降噪步骤[31]

一个含噪信号的一维信号降噪步骤为：（1）将信号的小波分解，先选择一个小波并确定其分解的层次，然后进行分解计算；（2）将分解的高频系数阈值量化，对各个分解尺度下的高频系数选择一个阈值进行软阈值量化处理；（3）进行一维小波重构。

根据小波分解的底层低频系数和各高层高频系数进行一维小波重构，最终达到消除信号中无用部分、恢复信号中有用部分的目的。这里阈值的选择十分重要，它关系到降噪的质量。

6.3.2.4 db 小波分析分离噪声

选择 Daubechies（db$N$）小波，利用一维离散小波变换，Daubechies 小波在时阈上是有限支撑，即小波 $\psi(t)$ 长度有限，db$N$ 中 N 越大，$\psi(t)$ 长度就越大，N 为小波的阶数。在 Matlab 的小波工具箱选择一维离散小波变换，导入数据，选择 db$N(N=1\sim10)$，进行 $X(X=1\sim8)$ 层分解。可见，与原始曲线（s）相比此时曲线（a_4）比较平滑。

6.4　Matlab 接口

软件不同部分之间的交互接口，就是所谓的 API 应用程序编程接口，其表现的形式是源代码。Matlab 实现了与众多外部程序和设备的接口，通过 MEX 文件的建立，Matlab 能够调用 VB、C、C++、FORTRAN 等程序设计语言的子程序；通过使用 Matlab 引擎，可在 VB、C、C++、FORTRAN 程序代码中直接调用 Matlab 中的函数与命令；通过 Matlab C/C++ 数学函数库直接实现 C/C++ 与 Matlab 的混合编程，并建立可独立运行程序；通过 Matlab 提供的串口接口，可以实现从外围设备（如 MODEM）直接输入数据到 Matlab 工作空间，再利用 Matlab 进行处理[15]。

6.4.1　Matlab 外部接口实现方式

6.4.1.1　MEX 文件

MEX 文件是 Matlab 的一种外部程序调用接口，可以在 Matlab 中像调用 Matlab 内建函数一样调用 VB、C、C++、FORTRAN 等语言编写的子程序，而无需将它们重新编写为 Matlab 的 m 文件，从而使资源得到充分利用。MEX 文件有以下一些用处：对于已存在的 VB、C、C++、FORTRAN 程序，只需编写接口，就可在 Matlab 中调用，而不必重写 m 文件。对于那些在 Matlab 中执行效率不高的语句（如循环体），可以把它们放在 VB、C、C++、FORTRAN 中编写并编译，从而提高执行效率。

6.4.1.2　Matlab 引擎

如果说 MEX 文件是为了在 Matlab 中调用 VB、C、C++、FORTRAN 编写的子程序，那么 Matlab 引擎就是为了在 VB、C、C++、FORTRAN 程序中能够调用 Matlab。Matlab 计算引擎是一组允许在别的应用程序中与 Matlab 交互的函数库和程序库。在调用的过程中，Matlab 引擎函数库在后台工作，Matlab 通过它与别的应用程序进行通信。通过 Matlab 计算引擎可以完成以下功能：

（1）调用一个数学函数或子程序来处理数据，如在用户程序中求阵列转置或计算一个快速傅里叶变换等，Matlab 就是一个强有力、编程灵活的数学子函数库。

（2）建立一个具有特殊用途的完整系统，可以使用 C 等高级语言来编写用户界面，而后台采用 Matlab 作为计算引擎，从而达到缩短开发周期、减少开发困难的目的。

6.4.1.3 Matlab C/C++ 数学函数库（matlab library）

Matlab 中不仅包含了与 C 的接口，而且也包含了与 C++ 的接口，因此完全可以采用面向对象编程的方式来编写程序。同 Matlab 与 C 的接口一样，可以用 C++ 语言来编写 MEX 文件，也可以调用 Matlab C/C++ 数学函数库，并编译生成可独立运行的程序。Matlab C/C++ 数学函数库包含了大量的内建数学函数以及在 Matlab 中被声明为 m 文件的数学函数。

MathWorks 公司提供的 Matlab C/C++ 数学函数一方面可以使 Matlab 程序员能够利用已有的编写 m 函数的经验，花费很小的代价，利用该数学函数库来编写类似于 Matlab m 文件的代码，改代码编译后会有更快的运行速度，且能够独立 Matlab 解释器而运行。另一方面，C++ 程序员需要一种方便、快捷的矩阵数学函数。对于 C++ 程序员来说，该数学函数库提供了一个自然而又牢固的编程接口、大量的功能强大的矩阵计算和处理函数，可以使 C++ 程序员方便地应用 Matlab 提供的矩阵运算和处理能力，从而大大提高程序的执行效率。此外，程序员可以用一种简单直接的语法去编程，而无需考虑调用函数的实现过程。

6.4.1.4 Matlab 编译器（Compiler）

Matlab 编译器（Compiler）是 Matlab 环境下的编译工具，它能将 m 文件转化为 C 或 C++ 等不同类型的源代码，并在此基础之上根据需要生成 MEX 文件（.dll 文件）、可独立运行的应用程序（.exe 文件），从而大大提高代码的执行效率。尤其是可独立运行的应用程序文件，不需要 Matlab 环境支持，甚至没有安装 Matlab 也能运行。与 Matlab 引擎、MEX 文件相比，它们大大扩展了程序的应用范围。同时，编译器对 m 文件编译后，运行速度提高了约33%，而且隐藏了程序算法，提高了保密性。

使用 Matlab 编译器，也可以将 C/C++ 源代码编译成可独立运行的应用程序，在这些 C/C++ 源代码中，可以使用 Matlab 提供的接口函数轻松地利用 Matlab 的矩阵运算功能、作图功能来为用户服务。

Matlab 编译器以 m 文件作为输入，产生 C/C++ 源代码或 p-码作为输出。Matlab 编译器能产生以下这些源代码：

（1）用于建立 mex-文件的 C 源代码；

（2）和其他模块结合建立可独立运行程序的 C 或 C++ 源代码；

（3）产生用于 Simulink 的 C 代码的 s-函数；

（4）生成 C 共享库（在 Microsoft windows 95/98/2000/NT 上即为动态链接库 dll）和 C++ 的静态链接库（它们能用在没有 Matlab 的系统中，但是需要 Matlab C/C++ 数学函数库的支持）。

6.4.1.5 串口接口

在 Matlab 中，用户可以通过计算机的串口接口来和外围设备（如 MODEM、示波器、打印机等）进行通信，甚至可以把计算机作为中介在两台外围设备之间进行通信。

6.4.2　Matlab 程序接口代码

Matlab 的数据与外部程序、客户程序、服务器程序通信共享，是通过组件对象模型（COM）或动态数据交换（DDE），也通过直接与 Matlab 通信的外部设备实现的。

（1）用 C 建立 MAT 文件：用 C 语言建立 MAT 文件详见附录 2。
（2）用 C 读 MAT 文件：用 C 语言编写读 MAT 文件详见附录 2。
（3）初始数据处理：说明 MEX 识别输入变量的数据类型。
（4）生成 MEX 文件：C 语言编写 MEX 文件见附录 3；C 代码源文件 yp-rime. c 文件见附录 4。

6.5　Daubechies 小波滤波技术及算法

6.5.1　Daubechies 小波滤波器原理

本节主要讨论正交小波与正交滤波器。多分辨率分析已经清楚地表明：在尺度空间中进行正交多分辨率分析，其目的就是用小空间的信号去有效地逼近大空间的信号；在细节空间中进行正交多分辨率分析，其目的就是去有效地识别不同空间之间信号的差异；在细节空间中，如果选择规范正交基为小波基，则细节空间就是小波空间。所选择的小波必须满足一定的条件，才能满足信号分析的要求[48]。

信号的细节差异应该是小信号，即小波分析应该具有应用较少非零小波系数去有效逼近特殊函数的能力，故小波的设计必须被优化为能产生较多接近零的小波系数 $<f, \Psi_{j,k}>$。从数学上看，该性质主要依赖于信号。一个好小波基主要依赖 Lipschitz 正则性、$\Psi(t)$ 的消失矩和 $\Psi(t)$ 支集的大小与小波系数 $<f, \Psi_{j,k}>$ 大小之间的关系，进而定义好小波的条件。

对于给定小波消失矩阶数 p，Daubechies 小波具有最小的支集。紧支小波可以由有限冲激响应"共轭正交镜像滤波器"h_φ 构造，其傅里叶变换和 z 变换为：

$$\hat{h}_\varphi(\omega) = \sum_{k=0}^{N-1} h_{\varphi k} e^{-ik\omega} \Longleftrightarrow \hat{h}_\varphi(z) = \sum_{k=0}^{N=1} h_{\varphi k} z^{-k}$$

即 $\hat{h}_\varphi(\omega)$ 是一个三角多项式。如果 $\hat{h}_\varphi(\omega)$ 在 $\omega = \pi$ 处有 p 重零点，则能够保证小波 Ψ 具有 p 阶消失矩。显然，因子 $(1 + e^{\pm i\omega})$ 在 $\omega = \pi$ 处有 p 重零点，于是 $\hat{h}_\varphi(\omega)$ 可改写为：

$$\hat{h}_\varphi(\omega) = \sqrt{2}\left(\frac{1 + e^{-i\omega}}{2}\right)^p \hat{R}(e^{-i\omega})$$

现在要求设计 $\hat{R}_\varphi(\omega)$ 具有最低次数 m 次多项式，使 $\hat{h}_\varphi(\omega)$ 满足

$$|\hat{h}_\varphi(\omega)|^2 + |\hat{h}_\varphi(\omega+\pi)|^2 = 2$$

保证 $\hat{h}_\varphi(\omega)$ 只有 $N = m + p + 1$ 个非零系数。Daubechies 证明尺度最小次数 $m = p - 1$。

6.5.1.1　构造定理

对于"共轭正交镜像滤波器" h_φ，如果使得 $\hat{h}_\varphi(\omega)$ 在 $\omega = \pi$ 处有 p 重零点，则它至少有 $2p$ 个非零系数。Daubechies 滤波器具有 $2p$ 个非零系数。

假设 $Q_1(\gamma)$ 和 $Q_2(\gamma)$ 分别是次数为 n_1 和 n_2 的多项式，它们没有公共零点，则存在次数分别为 $n_1 - 1$ 和 $n_2 - 1$ 的多项式 $P_1(\gamma)$ 和 $P_2(\gamma)$，使得

$$P_1(\gamma)Q_1(\gamma) + P_2(\gamma)Q_2(\gamma) = 1$$

显然，$Q_1(\gamma) = (1-\gamma)^p$、$Q_2(\gamma) = \gamma^p$ 是两个没有公共零点的多次多项式。由 Bezout 定理知存在两个唯一的多项式，$P_1(\gamma)$ 和 $P_2(\gamma)$，使得 $(1-\gamma)^p P_1(\gamma) + \gamma^p P_2(1-\gamma) = 1$ 成立。进一步可以求得 $P_1(\gamma)$ 和 $P_2(\gamma)$ 为：$P_2(\gamma) = P_1(1-\gamma) = P(1-\gamma)$，其中下式定义的 $P(\gamma)$ 满足：

$$P(\gamma) = \sum_{k=0}^{p-1}\binom{p-1+k}{k}\gamma^k = \sum_{k=1}^{p-1}C_{p-1+k}^k\gamma^k \tag{6-8}$$

6.5.1.2　最小相位因式分解

如果 A 是一个余弦多项式 $A(\omega) = \sum_{n=0}^N a_n\cos n\omega$，且满足 $A(\omega) \geqslant 0, \omega \in \mathrm{R}$，则必定存在实系数 N 阶三角多项式 $B(\omega) = \sum_{n=0}^N b_n \mathrm{e}^{in\omega}$ 满足 $|B(\omega)|^2 = A(\omega)$。

因为 $\hat{P}\left(\sin^2\dfrac{\omega}{2}\right) = \hat{P}\left(\dfrac{1-\cos\omega}{2}\right)$ 是一个余弦多项式，再由里茨定理知，必存在实系数多项式 $\hat{R}(\mathrm{e}^{-i\omega})$，即：

$$\hat{R}(\mathrm{e}^{-i\omega}) = \sum_{k=0}^m b_k\mathrm{e}^{-ik\omega} = r_0\prod_{k=1}^m (1 - r_k\mathrm{e}^{-ik\omega}) \tag{6-9}$$

又多项式 $\hat{R}(\mathrm{e}^{-i\omega})$ 是实系数，故 $\hat{R}*(\mathrm{e}^{-i\omega}) = \hat{R}(\mathrm{e}^{i\omega})$。再应用 $\sin^2\left(\dfrac{\omega}{2}\right) = \dfrac{1-\cos\omega}{2} = \dfrac{2 - \mathrm{e}^{i\omega} - \mathrm{e}^{-i\omega}}{4}$，则：

$$|\hat{R}(\mathrm{e}^{-i\omega})|^2 = \hat{R}(\mathrm{e}^{i\omega})\hat{R}(\mathrm{e}^{-i\omega}) = \hat{P}\left(\sin^2\dfrac{\omega}{2}\right) = \hat{P}\left(\dfrac{2 - \mathrm{e}^{i\omega} - \mathrm{e}^{-i\omega}}{2}\right) = \hat{Q}(\mathrm{e}^{-i\omega})$$

$$\tag{6-10}$$

假设 $z = \mathrm{e}^{i\omega}$，则 $\gamma = \left(\sin^2\dfrac{\omega}{2}\right) = \left(\dfrac{2 - z^{-1} - z}{4}\right)$，即可得 z 域表达式：

$$\hat{P}\left(\frac{2-z^{-1}-z}{4}\right) = \sum_{k=0}^{p-1} \binom{p-1+k}{k}\left(\frac{2-z-z^{-1}}{4}\right)^k \qquad (6\text{-}11)$$

$$\hat{R}(z^{-1}) = r_0 \prod_{k=1}^{m} (1 - r_k \mathrm{e}^{-k}) \qquad (6\text{-}12)$$

$$\hat{R}(z)\hat{R}(z^{-1}) = r_0^2 \prod_{k=1}^{m}(1-r_k z)(1-r_k z^{-1}) = \hat{P}\left(\frac{2-z^{-1}-z}{4}\right) = \hat{Q}(z) \quad (6\text{-}13)$$

由式 6-13 计算 $\hat{Q}(z)$ 的零点，因为多项式 $\hat{Q}(z)$ 是实系数，所以如果 c_k 是 $\hat{Q}(z)$ 的根，那么 c_k^* 也是 $\hat{Q}(z)$ 的根；$\hat{Q}(z)$ 还是 $z - z^{-1}$ 的函数，那么 $1/c_k$、$1/c_k^*$ 也是 $\hat{Q}(z)$ 的根。$\hat{Q}(z)$ 的零点共同属于 $\hat{R}(z)$ 和 $\hat{R}(z^{-1})$，可把单位圆内的零点赋予 $\hat{R}(z^{-1})$，而把单位圆外的零点赋予 $\hat{R}(z)$，这样能够保证 $\hat{R}(z^{-1})$ 具有最小相位。

在根对 (c_k, c_k^{-1}) 中选择定 $\hat{R}(z^{-1})$ 的根 r_k，并将 r_k^* 也作为根以得到实系数，这个过程将产生最小次数 $m = p-1$ 的多项式，且 $r_0^2 = \hat{Q}(0) = \hat{P}\left(\frac{1}{2}\right) = 2^{p-1}$。所生成的长度最小的滤波器 h 有 $N = m + p + 1$ 个非零系数。进一步选择 r_k 满足 $|r_k| \leq 1$ 在单位圆内，这样就得到最小相位解，因果滤波器 h 的能量主要集中在 $n \geqslant 0$ 处，p 阶 Daubechies 滤波器。这个定理的构造性证明生成了长度为 $2p$ 的因果共轭镜像滤波器。

若 Ψ 是具有 p 阶消失矩的小波，它生成 $L^2(R)$ 的规范正交基，则它的支集长度大于等于 $2p-1$，Daubechies 小波具有最小支集 $[-p+1, p]$（支集长度 $N = 2p$），相应的尺度函数 ψ 的支集为 $[0, 2p-1]$（支集长度 $N = 2p$）。

6.5.2 Daubechies 小波滤波器构造算法

db$N$ 是长度为 N 的 Daubechies 滤波器。db$N$ 构造步骤为：

(1) 确定滤波器的长度 N 或者消失矩的阶次 p：$N = 2p$，$m = p-1$。

(2) 由式 6-11 求得多项式：$P(\gamma) = P\left(\frac{-z+2-z^{-1}}{4}\right)$，$\gamma = \frac{-z+2-z^{-1}}{4}$。

(3) 由式 6-12 可以求得多项式：$\hat{R}(z^{-1})$，$r_0^2 = 2^{p-1}$。

(4) 由式 6-13 可以求得多项式：$\hat{Q}(z) = \hat{R}(z)\hat{R}(z^{-1}) = \hat{P}\left(\frac{-z+2-z^{-1}}{4}\right)$。

(5) 求解多项式 $\hat{R}(z^{-1})$ 单位圆内的根对：(c_k, c_k^{-1})。

(6) 求解低通滤波器：由 $\hat{h}_{\varphi}(\omega) = \sqrt{2}\left(\frac{1+\mathrm{e}^{-i\omega}}{2}\right)^p \hat{R}(\mathrm{e}^{-i\omega}) = \sum_{k=0}^{N-1} h_{\varphi k}\mathrm{e}^{-ik\omega}$ 比较系数获得 $h_{0,k}$。

(7) 求解高通滤波器：由 $h_{\varphi k} = (-1)^{1-k} \cdot h_{\varphi(1-k)}$ 求得 $h_{\varphi k}$。

（8）求解出尺度函数、小波函数。

6.6 长程时间序列分析在品位波动的研究

6.6.1 长程时间序列分析基本原理

6.6.1.1 概述

长程预测是忽略系统数据的局部微观涨落，而研究系统的整体变化、整体发展趋势及将来的走向，从信号的变化中构建出时间序列的整体趋势及整体上的变化规律。然而，实际的情况是信号通常伴随噪声的污染及在小尺度上的随机涨落，以及大尺度上的奇异性与突变性，使信号很难呈现出一定的规律性。对于许多实际中的信号，如潜周期模型信号、隐马尔可夫模型信号，其本身即是带扰动的随机游动，即使有规律也是隐藏在数据自身的随机游动及噪声污染的背后，很难发现其规律性。

近年来，对大量的自然界中存在的序列研究表明，构成序列的元素并不是随机地出现的，而是表现出它们之间的长程关联，典型的事例包括如 DNA 序列、天气数据记录、文章和音乐的符号序列、心跳和步态涨落、呼吸以及计算机网络的流量等。这些系统的共同特征为长程关联的衰减符合指数规律，即存在自相似结构特征，不存在一个有限的关联特征长度，对这些性质的深入认识将在 DNA 编码识别、气象科学、医学的定量化处理等方面具有重要的作用。如在心率/步态数据序列中存在着长程关联详尽的研究表明，不同的长程关联指数标志着受试体的健康状况和病人的异常情况，因此可以作为一个客观的诊断指标。

对铁矿石取样而言，某产地某一矿种连续的特征指标/品位波动之间的关联可得到一个长的时间序列，各数值之间存在着差异并且差异又似乎无规律性。但这些数据具有非定态的特点，也就是说这些数据序列没有不变的统计性质，而是随时间变化的，并且它们不是随机控制下的分布，不是相互独立的。因此作为时间的函数，统计性质随时间变化，即在不同的时间有不同的平均值，不同的标准方差等；其二是噪声的影响，由于特征指标/品位波动受矿点、批次、混矿原料等多种因素的影响，存在随机噪声影响，数据序列实际上是固有规律控制和噪声影响的共同结果，总之，特征指标/品位波动数据系列是一个远离平衡态的非平衡系统，因此传统的统计方法失去了效力；其三是所谓的自相似性质问题，取不同时间尺度下的时间序列片段，它们具有自相似性质。

6.6.1.2 长程时间序列分析方法

A Microsoft 简单的预测

Microsoft 时序算法最常见的应用是简单预测，即创建一个模型，显示一些数据，要求预测未来的值。该算法不需要外界的干涉，只需创建模型、添加数据，再执行一个预测查询。但是，有时额外的调整可以提供更好的结果。最常见、有效的调整是指定数据的周期性。例如，季度数据、小时数据、每周天数的数据、分钟数据、年度模式等。

B　预测相互依赖的序列

Microsoft 时序算法可以在一个模型中研究许多序列。在许多时序解决方案中，这只是一个方便的功能，而 Microsoft 解决方案找出了序列之间的关系，并在预测时使用这些关系。Microsoft 时序算法不是单独处理这些序列，而是一起处理它们，找出数据之间的相互影响。利用 SQL Server Data Mining 平台的灵活性，可以使用基于每个序列的预测标记指出如何处理序列。把序列标记为 INPUT，表示它不能预测，应只考虑它对其他序列的影响。而把序列标记为 PREDICT_ONLY，表示可以预测该序列，但它不能用于预测其他序列。预测标记似乎与其他算法中的标记有相同的含义，但实际上它们有完全不同的解释。即使把序列标记为 PREDICT_ ONLY，该序列的结果也仍用作它自己的输入。同样，即使把序列标记为 INPUT，该序列也仍进行内部预测，使依赖该输入的任何输出序列总是能预测。

C　假设场景

建立了时序模型，预测了未来的值后，就可以向模型提出其他问题，研究改变了某些点时，未来会如何变化。

D　预测新序列

一时序预测的一个常见问题是，需要大量连续的历史数据来建立模型。那么只有几个数据点，但要进行预测时，该怎么办？时序算法允许在训练过程中对看不见的数据使用已有的模型，来了解未来的序列会如何变化。这对品位波动预测很有帮助。

6.6.1.3　Microsoft 时序算法

Microsoft 时序算法封装了两个不同的计算机学习算法，第一个算法是利用交叉预测的自动回归树（Auto Rregression Tree with cross prediction，ARTxp），是预测序列中新值的最准确的算法；第二个算法是与移动的平均值集成的自动回归（autoregressive integrated moving averages，ARIMA），是业界标准的预测算法。

A　预测

Microsoft 时序算法默认把这两个算法的结果结合起来，得到最优的预测结果。本项目以应用 ARIMA 为主，ARIMA 考虑了许多历史数据项、这些数据项中的许多区别，以及预测数据项中的许多错误因素。换言之，它预测序列中的值，使用实际值和预测值之间的差作为算法的因子。ARIMA 模型写作 ARIMA（p，d，q），其中 p、d 和 q 分别表示数据项的个数、差的个数和错误的个数。ARIMA 的 SQL Server 2008 实现方案超出了基本的 ARIMA 实现方案。首先，这个实现方案可以自动确定最优的 ARIMA 参数，这样就无需自己确定了。其次，ARIMA 是一个季节性模型，在模型之间添加了季节性组件。季节性的 ARIMA 实际上会为源数据中的每个周期生成不同的 ARIMA 数据项。SQL Server 2008 添加了 ARIMA 算法。尽管 ARIMA 可能不稳定，但在长程预测方面比较稳定。预测值时，需要使用每个算法，并结合它们的预测结果。结合的结果是加权的结果平均值，其权值是预测值与实际值之差。远期预测要给 ARIMA 加权。

B 模型

ARIMA 模型有 3 个主要组件。ARIMA 模型的根节点包含找出的周期和模型的截距，以及序列的完整 ARIMA 等式。根节点的子节点分为各个季节性（或定期）的 ARIMA 模型组件。每个季节性组件都包含模型的顺序，即根据前面讨论的 ARIMA（p，d，q）、表示自动回归（AR）的子节点、季节性 ARIMA 模型的移动平均组件。这些组件包含各自的系数。

6.6.1.4 DMX（Data Mining Extension）

DMX 即数据挖掘扩展，Microsoft 时序预测可以利用 DMX 进行具体操作。

A 模型建立

时序模型的输入行与其他算法有不同的语义，可以建立一个能用于时序分析和非时序分析的结构。区分用于时间序列的挖掘结构与其他结构的主要元素是包含 KEY TIME 列。KEY TIME 列内容的类型表示该列是一个键，是表示行的时间片。下例的挖掘程序结构是根据澳大利亚铁矿石的特征指标建立的时序模型：

```
CREATE MINING STRUCTURE [Iron Ore]
(
        [Year]    DATE KEY TIME,
        [TFe]    DOUBLE CONTINUOUS,
        [P]    DOUBLE CONTINUOUS,
        [Al₂O₃]    DOUBLE CONTINUOUS,
        [SiO₂]    DOUBLE CONTINUOUS,
        [Moisture]    DOUBLE CONTINUOUS,
        [Size]    DOUBLE CONTINUOUS,
    )
```

交叉格式在每一行中包含序列的类型，其中序列的类型不是输入列或可预测的列，而是键的整数部分。实际上，交叉格式中的挖掘结构可以有包含时间片和序列标签的复合键。附加的类别列用于过滤，把模型添加到结构中时，就可以看到类别列。下例程序列出了用交叉格式创建结构的语句：

```
CREATE MINING STRUCTURE [Iron Ores Interleaved]
(
            [Year]DATE KEY TIME,
            [Series]    TEXT KEY,
```

```
        [Category]  TEXT DISCRETE,
        [Iron Ore] DOUBLE CONTINUOUS
)
```

用交叉结构或列结构创建挖掘模型时，必须认识数据的形式。两种格式之间最显著的区别是选择把哪些序列包含在模型中的方式和预测标记的应用方式。如何在序列的两个子集上为每种情形创建模型。对于列式模型，只需添加所需序列的列；而对于交叉模型，必须使用过滤器选择需要的序列。如下例程序：

```
// (a) Adding a columnar model
ALTER MINING STRUCTURE [Iron Ore]
ADD MINING MODEL [Reds]
(
        [Year]
        [TFe]  PREDICT,
        [Moisture]  PREDICT,
        [Size]  PREDICT
) USING Microsoft_Time_series
WITH DRILLTHROUGH


GO


// (b) Adding an interleaved model
ALTER MINING STRUCTURE [Iron Ore Interleaved]
ADD MINING MODEL [TFe Interleaved]
(
        [Year],
        [Series],
        [Iron Ore]  PREDICT
) USING Microsoft_Time_series
WITH DRILLTHROUGH,
        FILTER ([category] = 'Iron Ore')
```

B   模型处理

为了处理为时间序列创建的结构，应使用简单的 INSERT INTO 语法。但由于算法接受的列格式和交叉格式有区别，所以填充结构所需的 DMX 也大不相同。虽然结构格式很简单，但用原始数据和累计数据填充交叉结构需要复杂得多的 SQL，如下例程序：

```
// (a) Processing Columnar structure
INSERT INTO MINING STRUCTURE [Iron Ore]
```

```
( [Year],
   [TFe], [P], [Al₂O₃], [SiO₂], [Moisture], [Size])
 OPENQUERY ([Australia PB],
   'SELECT
   Year,
   [TFe], [Moisture], [Size],
   ([TFe] + [Moisture] + [Size]) / 3,
   [P], [Al₂O₃], [SiO₂],
   ([P] + [Al₂O₃] + [SiO₂]) / 3
   FROM [Iron Ore]
   ORDER BY [Year]')


// (b) Processing interleaved structure
INSERT INTO MINING STRUCTURE [Iron Ore Interleaved]
( [Year], [Series], [Category], [Iron ore] )
OPENQUERY ([Australia PB],
 'SELECT * FROM
 (SELECT [Year],
         [Type],
         CASE [Type] WHEN "TFe" THEN "Size"
                     WHEN "SiO₂" THEN "Size"
                     WHEN "Al₂O₃" THEN "Red"
                     ELSE "P"
             END AS [Category],
               [Iron ore]
   FROM [Iron ore2]
   UNION ALL
   SELECT [Years], "Size Average" AS [Type],
         "Size" AS [Category], SUM(Salles)/3 AS [Sales]
   FROM [Iron ore2] t
   WHERE t.[Type] IN ("Size","Al₂O₃?","SiO₂")
GROUP BY [Year]
SELECT [Year],"Whith average" AS [Type],
      "P" AS [Category], SUM(Iron ores)/3 AS [Iron ores]
   FROM [Iron ore2] t
WHERE t.[Type] IN ("Moisture","Size","TFe")
GROUP BY [Year]) t
ORDER BY [Year], [Type]')
```

这个程序演示了一些重要的细节。首先，列式数据源需要按月份给源数据排序，而交叉数据源需要按月份和序列名来排序。另外，把源数据查询内部使用的单引号变成双引号，使 DMX 引擎把引号解释为字符串的一部分，而不是字符串的结尾。处理挖掘模型时，另一个重要的考虑因素是缺失数据。序列的起点可以不同，但 Microsoft 时序算法要求，除非特别指出，否则所有的序列都必须在同一时间点结束，且在序列开始后没有缺失数据。在列式结构中，缺失数据一般表示为 NULL 值，在交叉结构中，缺失数据表示为缺失的行。使用 MISSING_ DATA _ SUBSTITUTION 参数可以处理缺失的数据。

C 预测

时序预测包含一个函数 Predict-TimeSeries，它返回一个包含预测结果的表。当然，还有一点机动，以支持不同的时序格式，但只保留一个函数。而且，因为一般从训练的模型中预测时间序列，所以没有提供源数据，也没有简化基本事例的 PREDICTION JOIN 子句。见下例：

```
// (a) Columnar
SELECT FLATTENED PredictTimeSeries([Size],12)   AS   Forecast
FROM [Size]
```

```
// (b) Interleaved
SELECT  FLATTENED PredictTimeSeries([Sales],12)   AS   Forecast
  FROM  [Size  Interleaved]
  WHERE [Series] = ' Size'
```

这些查询都返回两列：时间列 Forecast. $Time 和结果列。在上述程序（a）的查询结果中，列的标题是 Forecast. Red，在上述程序清单（b）的查询结果中，列的标题是 Forecast. Sales。时间列（Forecast. Red）表示每一行的时间片。即使 Microsoft 时序算法预测未来的序列值非常准确，也没有时间列准确。时间片值的计算如下：从源数据中提取时间片之间的平均间隔，把该间隔重复加到源数据的最后一个时间片值上。这可能会生成需要的结果，也可能不会，因为在绝对时间中，时间间隔是不规则的（例如每个月的第_天）。所以时间列只应该用作结果的排序列，而不应把内容解释为包含特定的业务值。在列式查询中，仅选择了要预测的序列，而在交叉查询中，在查询的 where 子句中指定了序列名。如果没有 where 子句，就会对模型中的每个序列执行 12 步预测操作。这常常是生成所有可能的预测的简单方法，但需要在选择列表中指定表示序列名的列，以消除结果的歧义。

下例程序说明了如何为每个预测检索标准差、方差和内容节点 ID。默认情况下，每个预测都使用模型中的两个节点计算预测的结果。预测的一个组件是静态的，总是使用同一个节点，它只依赖于要预测的序列。另一个组件是预测的各

个环境所特有的，这个组件会返回为预测节点 ID，因为第一个组件很容易通过
检查而获得。

```
SELECT FLATTEND
    (SELECT *, Predictstdev([Sizes]) AS [Stdev]
                    PredictVariance([Size]) AS [Variance]
    FROM PredictTimeSeries([Size],12)
AS Forecast
FROM [Sizes]
```

6.6.2 长程时间序列分析品位波动预测应用

长程时间序列有其可靠性高的优点，但就本项目而言，由于无法从全国其他
口岸获得交货批每个份样的测试样本数据，因此项目设计采用相同产地、相似矿
种的测试数据进行品位波动分析[10,21,22]。

6.6.2.1 数据来源

数据选择全国四个代表性口岸和国外四个代表性产地一定时间段每批次的全
铁、磷、二氧化硅、氧化铝、水分、粒度，详见表6-1。

表6-1 代表性口岸产地数据提取样例

到港口岸	矿石产地	矿种	数据组	时间
北仑	南非阿索玛	粉铁矿	35	2009 年 5 月 12 日~2012 年 10 月 10 日
大连	澳洲哈默斯利	粉铁矿	24	2008 年 3 月 2 日~2008 年 11 月 26 日
太仓	澳洲 BHP	粉铁矿	45	2010 年 3 月 10 日~2012 年 12 月 5 日
嵊泗	巴西 CVRD 卡	粉铁矿	36	2004 年 8 月 18 日~2008 年 7 月 3 日

6.6.2.2 马尔科夫链

Andrei Markov 是俄罗斯著名的数学家，他是 Saint Petersburg 大学的教授，由
于他对马尔可夫链的贡献，所以以其名字命名。马尔可夫链是随机变量的序列，
在这些序列中未来的变量由当前的变量决定，但与当前状态从其前面的状态中产
生的方式无关。马尔科夫链模型如图 6-2 所示。

马尔可夫链还包含一个状态转移概率矩阵。从给定状态产生的状态转移定义
了转移到以后的所有可能状态的概率分布。$P(x_i = G \mid x_{i-1} = A) = 0.15$ 表示：给
定当前状态 A，则下一个状态是 G 的概率是 0.15。Microsoft 序列聚类算法基于马
尔可夫链模型来对序列事件建模[42]。

马尔可夫链的重要属性之一是阶（order）。在马尔可夫链中，n 阶指明了一
含状态的概率依赖前 n 个状态。最常见的马尔可夫链是 1 阶的，即每个状态 x_i 的
概率只依赖状态 x_{i-1}。

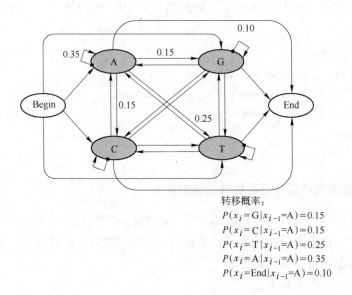

转移概率:
$P(x_i = \text{G}|x_{i-1}=\text{A})=0.15$
$P(x_i = \text{C}|x_{i-1}=\text{A})=0.15$
$P(x_i = \text{T}|x_{i-1}=\text{A})=0.25$
$P(x_i = \text{A}|x_{i-1}=\text{A})=0.35$
$P(x_i = \text{End}|x_{i-1}=\text{A})=0.10$

图 6-2　马尔科夫链模型

我们可以使用更多的空间来保存前 n 个状态，建立高阶的马尔可夫链。

k 个状态上的 n 阶马尔可夫链等价于 kn 个状态上的 1 阶马尔可夫链。马尔可夫链的阶越高，用于处理所需要的内存和时间就越多。对于任何给定长度为 L 的序列 x {x_1, x_2, x_3, …, x_L}，都可以基于马尔可夫链，按以下方式计算一个序列的概率：

$$P(x) = P(x_L, x_{L-1}, \cdots, x_1)$$
$$= P(x_L | x_{L-1}, \cdots, x_1) P(x_{L-1} | x_{L-2}, \cdots, x_1) \cdots P(x_1)$$

在 1 阶的马尔可夫链中，因为每个 x_i 的概率只依赖于 x_{i-1}，所以，上述公式等价于：

$$P(x) = P(x_L, x_{L-1}, \cdots, x_1)$$
$$= P(x_L | x_{L-1}) P(x_{L-1} | x_{L-2}) \cdots P(x_2 | x_1) P(x_1)$$

马尔科夫链还保存了不同状态之间的转移概率，用于 1 阶马尔可夫模型的状态转移矩阵是一个 $M*M$ 的方形矩阵，M 是序列中状态的数目。M 较大时，状态转移矩阵也会很大，优化矩阵存储的方法之一是只存储超过某一阈值的转移概率。

马尔科夫链进行聚类的算法过程为：

（1）以某种方式初始化模型参数。

（2）给定当前模型的参数时，每个事例都按照某种概率指派 K 个聚类中的每一个。

（3）基于对每一个事例的加权指派，对模型参数重新求值。

（4）检查模型是否收敛，否则返回第（2）步继续新的迭代。

6.6.2.3 DMX 编程

A 创建 DMX 查询

```
CREATE MINING MODEL WebSequence
(
    CustomerGuid   TEXT KEY,
    GeoLocation   TEXT DISCRETE,
    ClickPath   TABLE PREDICT
    (
      SequenceID   LONG KEY SEQUENCE,
      URLCategory TEXT DISCRETE PREDICT
    )
)
USING Microsoft_Sequence_Clustering
GO
```

B 训练模型

```
INSERT INTO WebSequence
(
    CustomerGuid, GeoLocation,
    ClickPath (SKIP, SequenceID, URLCategory)
)
SHAPE {
OPENQUERY([Web Data],
      'SELECT CustomerGuid, GeoLocation
          FROM CUSTOMER ORDER BY CustomerGuid')
} APPEND (
  {OPENQUERY([Web Data],
      'SELECT CustomerGuid, SequenceID, URLCategory
          FROM ClickPath ORDER BY CustomerGuid, SequenceID')}
RELATE CustomerGuid TO CustomerGuid) As ClickPath
GO
```

C 新建模型进行聚类预测

```
SELECT  t.CustomerGuid,  Cluster()
From WebSequence PREDICTION JOIN
SHAPE {
  OPENQUERY([Web Data],
      'SELECT  CustomerGuid, GeoLocation
```

```
        FROM Customer ORDER BY CustomerGuid')}
  APPEND ({
  OPENQUERY([Web Data],
      'SELECT CustomerGuid, SequenceID, URLCategory
      FROM ClickPath ORDER BY CustomerGuid, SequenceID')}
      RELATE CustomerGuid TO CustomerGuid)
      AS ClickPath AS t
ON
  WebSequence. CustomerGuid = t. CustomerGuid AND
  WebSequence. GeoLocation = t. GeoLocation AND
  WebSequence. ClickPath. URLCategory = t. ClickPath. URLCategory AND
  WebSequence. ClickPath. SequenceID = t. ClickPath. SequenceID
GO
```

D 执行序列预测

```
SELECT PredictSequence(ClickPath, 2) AS Sequences
FROM WebSequence NATURAL PREDICTION JOIN
(SELECT (SELECT 1 AS SequenceID, 'Insurance' AS URLCategory UNION
         SELECT 2 AS SequenceID, 'Loan' AS URLCategory UNION
         SELECT 3 AS SequenceID, 'Kits' AS URLCategory)
      AS ClickPath) AS T
GO
```

E 提取序列预测概率

```
SELECT  FLATTENED
(
   SELECT $SEQUENCE, URLCategory, PredictProbability(URLCategory)
         FROM PredictSequence(ClickPath, 2)
) AS Sequences
FROM WebSequence NATURAL PREDICTION JOIN
(SELECT (SELECT 1 AS SequenceID, 'Insurance' AS URLCategory UNION
         SELECT 2 AS SequenceID, 'Loan' AS URLCategory UNION
         SELECT 3 AS SequenceID, 'Kits' AS URLCategory)
      AS ClickPath) AS T
GO
```

F 使用预测直方图

```
SELECT FLATTENED
   (
```

```
SELECT $SEQUENCE,
        PredictHistogram(URLCategory) AS Histogram
        FROM PredictSequence(ClickPath,2)
) AS Sequences
FROM WebSequence NATURAL PREDICTION JOIN
(SELECT (SELECT 1 AS SequenceID, 'Insurance' AS URLCategory UNION
        SELECT 2 AS SequenceID, 'Loan' AS URLCategory UNION
        SELECT 3 AS SequenceID, 'Kits' AS URLCategory)
        AS ClickPath) AS T
GO
```

6.6.2.4 神经网络测试[34,35]

用北仑的数据进行学习,并预测分析大连、太仓、嵊泗的品位。根据北仑数据品位经验赋予品位被动情况,形成训练样本。品位被动大、中、小也可以采用[10;01;11]来描述,即输出神经元可以为2。北仑口岸南非阿索玛训练样本见表6-2。

表6-2 北仑口岸南非阿索玛训练样本

序号	TFe	P	SiO$_2$	Al$_2$O$_3$	水	粒度	品位
1	63.97	0.04	4.19	2.17	2.58	10.23	大
2	64.54	0.042	4.59	2.37	3.41	2.3	小
3	64.89	0.038	4.28	2.05	3.06	11.68	大
4	64.29	0.037	4.38	2.29	2.91	2.33	小
5	63.96	0.04	4.12	2.2	2.8	9.85	大
6	63.97	0.038	4.28	2.15	3.42	3.1	小
7	64.49	0.038	4.04	2.14	3.53	8.56	中
8	62.89	0.047	4.11	2.24	3.52	2.8	小
9	64.94	0.04	3.95	1.98	3.19	9.53	中
10	64.41	0.04	5.22	2.61	3.34	4.34	中
11	63.68	0.046	5.56	2.01	3.21	9.37	中
12	63.81	0.04	5.51	2.22	3.33	2.65	中
13	63.69	0.042	5.39	2.32	3.23	8.6	中
14	64.2	0.044	5.41	2.54	3.35	2.45	大
15	63.49	0.045	3.87	2.16	3.56	9.77	中
16	64.31	0.043	3.25	2.25	3.12	1.98	中
17	63.62	0.048	3.69	2.32	3.25	10.58	大

序号	TFe	P	SiO$_2$	Al$_2$O$_3$	水	粒度	品位
18	63.94	0.047	3.78	2.01	3.21	3.66	中
19	63.68	0.044	3.69	2.62	3.36	11.08	中
20	63.02	0.042	3.45	2.11	3.12	2.63	中
21	63.85	0.036	3.85	1.98	3.39	7.13	中
22	64.14	0.037	5.23	1.88	3.28	3.82	小
23	63.99	0.038	4.32	1.89	3.44	3.39	小
24	64.24	0.038	4.55	2.32	3.24	3.56	小
25	64.26	0.04	4.69	2.35	3.25	4.25	小
26	64.24	0.037	4.32	2.16	3.2	4.65	小
27	62.9	0.041	4.01	2.15	2.91	4.89	小
28	63.64	0.038	4.88	2.16	2.32	3.33	小
29	64.22	0.043	3.12	2.23	3.17	3.58	小
30	63.89	0.044	3.56	2.29	3.26	5.21	小
31	64.12	0.04	3.87	2.05	3.22	6.12	小
32	62.84	0.048	3.23	2.21	3.21	6.36	小
33	63.38	0.046	3.87	2.36	3.11	7.56	小
34	64.24	0.049	3.11	2.22	3.21	2.64	小
35	64.28	0.04	5.48	2.31	3.26	6.33	小

以大连的澳洲哈默斯利粉铁矿的数据为例进行测试，得到如下结果：

```
> > sim( net, dl)
ans =
   Columns 1 through 8
     0.4590   0.4590   0.4590   0.4590   0.4590   0.4590   0.4590   0.4590
     0.9904   0.9904   0.9904   0.9904   0.9904   0.9904   0.9904   0.9904
   Columns 9 through 16
     0.4590   0.4590   0.4590   0.4590   0.4590   0.4590   0.4590   0.4590
     0.9904   0.9904   0.9904   0.9904   0.9904   0.9904   0.9904   0.9904
   Columns 17 through 24
     0.4590   0.4590   0.4590   0.4590   0.4590   0.4590   0.4590   0.4590
     0.9904   0.9904   0.9904   0.9904   0.9904   0.9904   0.9904   0.9904
> >
```

因此，预测测试结果都为中品位。同样对太仓的澳洲 BHP 粉铁矿数据源和嵊泗的巴西 CVRD 卡拉加斯粉铁矿数据源进行测试。

太仓按顺序品位为：

大　中　小　小　小　小　小　小　中　小　中　小　小　中　小　小　小
小　小　小　小　小　小　小　中　小　小　小　小　小　小　小　小　小
小　小　小　小　小　小　小　小　小　小

嵊泗测试结果均为中品位。

6.7　短程时间序列分析

短程时间序列预测也可以利用上述长程时间序列相似的理论，但关键在于选择合适的小波，建立相应的算法，编制相关程序。交货批铁矿石每个份样的粒度结果按时间序列排列为非平稳时间序列，它由趋势项、周期项和平稳项经加性叠加而成，因此可以利用小波变换将其进行分解和分析，提取与铁矿石品位相关的特征因子，比对未知交货批份样时间序列粒度值或某一段时间序列粒度值，达到品位预测的目的。虽然，短程时间序列预测结果不如长程的可靠，但本项目可以得到一个交货批每个份样粒度的检测结果，因此值得一试[9,40,41]。

6.7.1　小波时间序列铁矿石品位波动预测模型选择

6.7.1.1　自回归移动预测模型（ARIMA）

ARIMA 模型全称为差分自回归移动平均模型（autoregressive integrated moving average model），是由 Box 和詹金斯（Jenkins）于20世纪70年代初提出的著名时间序列预测方法，指将非平稳时间序列转化为平稳时间序列，然后将因变量仅对它的滞后值以及随机误差项的现值和滞后值进行回归所建立的模型。在实际工作的时间序列中，其包含的趋势项、周期项和平稳项隐含着一定的规律，采用小波变换将复杂信号层层分离，分离后的趋势项即为大尺度成分，它是将信号中的异常点、随机因素消除后的平滑时间序列；随机项为小尺度成分，一般为需要滤除的干扰因素；周期项为中尺度成分。一般利用趋势项和周期项就能满足常规预测需要，但采用该模型预测铁矿石品位波动，却不能利用时间序列的趋势项、周期项。因为在铁矿石卸载过程中，由于抓斗在船舱自上层到下层的顺序抓取和在同层抓取的随机性，以及为船体结构安全而安排的配载因素，导致交货批品位波动的每个份样粒度值时间序列趋势项、周期项的相似性、关联性存在不确定性[28]。

6.7.1.2　特征点聚类法

聚类（cluster）方法可分为硬聚类和软聚类，硬聚类是将每位数据明确地分配到固定类；软聚类属模糊聚类，它是将数据合理地放入多个类。时间序列的聚类，是将长度为 n 的时间序列看做 n 维空间的一个点，由于时间序列具有规模大、维数高等特点，如对其直接聚类则效果很不理想，因此需要通过提取时间序列的特征来达到降维，将复杂问题简单化，降维工具可以采用小波分析法。铁矿石交货批数量的不同造成份样数不同，使得时间序列时长也有所不同，为提高时间序列特征点的可对照性，因此可以将提取的特征点集合替代原始时间序列。时间序列的特征点包含重要信息，如极大值、极小值、标准偏差、中位值、平均值、拐点等[29,30]。

6.7.1.3 双窗口贝叶斯后验检测法

V. Alarcon-Aquino 在 2001 年提出基于贝叶斯（Bayesian estimation）后验思想的突变点在线检测算法，该算法有双窗口结构，即学习窗口和检测窗口，这为交货批在线粒度测定铁矿石品位波动提供了预测模型，即利用学习窗口获得的数据与历史数据比较，得出品位结果用于检测窗口的粒度检测。

6.7.2 小波时间序列铁矿石品位波动预测应用及模型改进

利用 Matlab 小波工具箱进行小波分析可以利用 Matlab 的命令行或 GUI 两种方式，GUI 方式某些功能的拓展有所限制，命令行需要记住大量的命令及函数代码，但功能全面。在时间序列铁矿石品位波动预测应用中，主要采用一维离散小波去噪。一维离散小波还可分为一维小波变换和一维小波包变换，两者区别在于小波包还可以对高频部分进行细分。因此，对小波铁矿石品位波动预测，Matlab 是极好的分析工具[13,14,24,25]。

6.7.2.1 自回归移动预测模型（ARIMA）预测

以一批 42200t 的交货批球团矿为例，该交货批取样间隔为 800t，机械取制样系统在线粒度测定选择，一次筛为 9mm，二次筛为 5mm，三次筛为 16mm。如图 6-3 所示，最终结果表示为 – 5mm、5～9mm、9～16mm、+16mm 四档数据，把每一个份样的四档数据对应取样时间，可形成一个从卸载开始到卸载结束的粒度时间序列。由于不同小波性能差异很大，各有其特点，这里采用 db 小波。

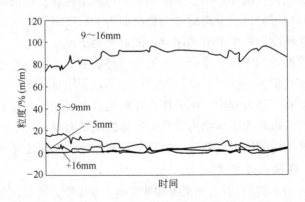

图 6-3 某一球团矿的粒度变化

ARIMA（p，d，q）称为差分自回归移动平均模型，AR 是自回归，p 为自回归项，MA 为移动平均，q 为移动平均项数，d 为时间序列成为平稳时所做的差分次数。利用小波分析方法对非平稳时间序列进行分析，将时间序列叠加的趋势项、周期项和平稳项进行分离，并分别进行预测。由于品位波动指一个交货批不同取样点品质差异程度，因此预测方法不采用 ARIMA 常用的滤除趋势项、周期项，分析平稳项的方法，而是主要分析分离的随机因素，如高频噪声及其幅度，即高频振幅大小就是表示铁矿石品位的大小。

采用 Matlab 小波工具，选择一维离散小波分析，导入数据，如 9 ~ 16mm 的结果。选择 db7 小波对其进行 4 层分解，得到如图 6-4 所示结果。

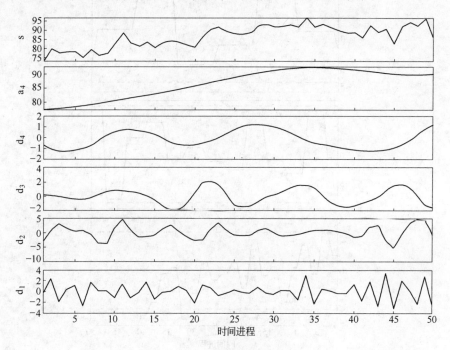

图 6-4 粒度 9 ~ 16mm 的结果小波分解

在本例中，当小波 db7 分解到第四层时，原信号（s）中的高低频部分（d_1 ~ d_4）被分离，此时低频部分（a_4）为该粒度段按时间顺序变化的发展趋势，高频 d_1 可用作品位波动预测，d_2、d_3 为周期项，d_4 为平稳项。对时间序列进行去噪，结果如图 6-5 所示，d_2 ~ d_3 项的阈值调整到几乎覆盖全幅度，则 d_1 90% 阈值幅度为品位系数，已知该交货批的品位为"大"，则该产地球团矿其他同阈值幅度可预测为"大"。设定 90% 阈值幅度的目的是小波分离后整段时间序列还存在一定的不均衡，因此相同数量交货批的时间序列周期项和趋势项也可进行辅助预测，见图 6-5，噪声在平稳项上下的振幅大小可参考判断品位大小。图 6-6 为时间序列平稳项与品位波动情况合成图[32,36]。

分别对来自澳大利亚多个产地的粉铁矿进行测试，数据源为：澳洲粉铁矿，

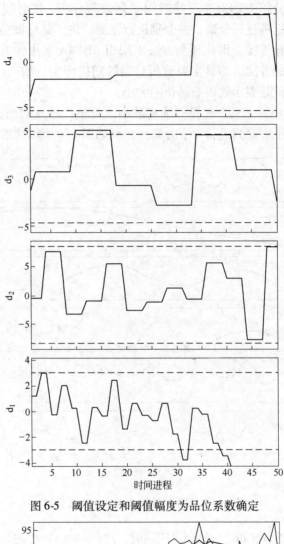

图 6-5　阈值设定和阈值幅度为品位系数确定

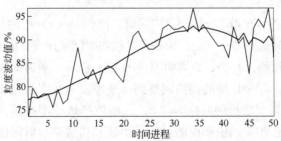

图 6-6　时间序列平稳项与品位波动情况合成图

17 组粒级为 +8mm 数据、8 组粒级为 +6.3mm 的数据；力拓粉铁矿，13 组粒级为 +6.3mm 的数据、5 组粒级为 +9.5mm 数据；哈默斯利粉铁矿，14 组粒级为

+8mm 数据、5 组粒级为 +9.5mm 数据、2 组粒级为 +6.3mm 的数据。将这些数组的数据链构成的时间序列按上述方法进行 db7 小波 4 层分解,小波分解去噪后的各层次的软阈值不做如何人工干预,得到各层阈值如附录 5 所示。表中的 d_1 为所谓噪声,实际上为品位波动,以 d_1 的软阈值为依据判断品位波动可以设计以下几种方法:

(1)经验判断法。用已知品位波动的相同粒级检测值时间序列得到的 d_1 软阈值与未知品位波动的相同粒级检测值时间序列得到的 d_1 软阈值比对,得出未知铁矿石的品位。从附录 5 得知,d_1 软阈值 0 ~ 1 为小品位、1 ~ 2 为中品位、2以上为大品位。

(2)鲁棒检测法。将已知相同粒级检测值时间序列得到的 d_1 软阈值(见附录5)进行鲁棒计算,得出 Z 值小于 1 为小品位、1 ~ 2 为中品位、大于 2 为大品位。Z 值计算式为

$$Z = \frac{X_i}{\delta}$$

式中,X_i 为 d_1 软阈值;δ 为标准偏差。这里的 Z 值意义与传统的 $Z = \frac{X_i - \bar{X}}{\delta}$ 不同,目的是为了避免 Z 值出现负值。

(3)聚类法。将已知相同粒级检测值时间序列得到的 d_1 软阈值(见附录5)进行聚类分析,将其分为大、中、小三类数据,将小数据定义小品位、中数据定义为中品位、大数据定义为大品位。

但(2)和(3)需要将品位波动进行重新定义。

6.7.2.2 特征点聚类法预测

为简化聚类方法,采用硬聚类应用于时间序列铁矿石品位波动预测。首先需要将时间序列进行降维,假设每一产地的铁矿石粒度在装卸过程中其粒度测定结果按一定时间序列排列存在特征值,而此特征值与铁矿石品位大小有关。将上述 9 ~ 16mm 的粒度结果时间序列,选择 db7 小波对其进行 4 层分解,并显示其详细参数,去噪、调整高频阈至完全覆盖噪声,得到去噪先后的 4 层分解,图 6-7 为阈值调整前后的参数变化,该图中的参数点即为降维后的特征点。将去噪后的特征点再进行重构,这样的时间序列就简单了,将需要聚类的所有时间序列转换为矩阵,导入 Matlab,利用神经网络聚类工具可得聚类结果[33]。

6.7.2.3 双窗口贝叶斯后验检测法预测

贝叶斯估计是利用已知信息来构建预测模型,再根据最新测量数据进行修正,得到后验预测结果。双窗口预测模型见图 6-8。先验学习起始条件的选取可以采用自回归移动预测模型(ARIMA),采用分离的高频振幅作为品位波动评判依据。将先验学习结果用于后验检测,而且随着时间的推进,学习经验越丰富,

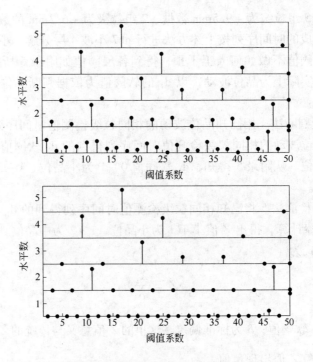

图 6-7　阈值调整前后的参数变化

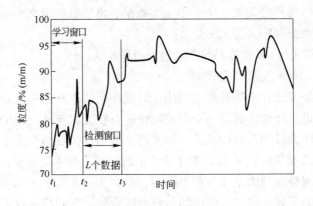

图 6-8　双窗口预测模型

其检测精度越高。这是一种在线粒度检测品位确认，并直接用于指导铁矿石采样的智能方式。设定 L 个数据为随时间推移的检测窗口，可以用模式识别贝叶斯决策 Matlab 编程加以实现。L 个数据多少为合适，以一组 35 个序列数组（澳粉，+8mm）为例进行测试，L 暂设为 5，然后 L 以 5 的倍数递增，按上述自回归移动预测模型（ARIMA）预测法进行 db7 小波 4 层分解，得到 $d_2 \sim d_4$ 软阈值，见表 6-3。此例说明 $L=10$ 以后 d_1 软阈值基本趋于稳定，因此前 10 个粒度份样数据得出的高通软阈值可以作为合适的学习窗口，得到的品位可以指导后续取样的份样数确定。

表 6-3 db7 小波 4 层分解后所得软阈值

数据数	5	10	15	20	25	30	35
d_1	0.274	1.459	1.459	1.459	1.459	1.459	1.459
d_2	0.568	0.238	0.765	0.699	0.701	0.717	0.794
d_3		1.239	0.371	0.344	0.549	0.915	0.608
d_4				0.228	0.725	0.688	0.396

7 Matlab/Simulink 数学建模在铁矿石取样中的应用

利用 Matlab 的 Simulink 数学建模技术，仿真交货批铁矿石在港口卸载时，将机械取样在线粒度检测系统每个份样粒度检测结果，通过小波变换抓取品位波动信息，选择品位波动并指导铁矿石取样，最终完成在线检测品位波动、份样数及份样量计算、完成自动取样、完整的粒度检测等计算机模拟过程。

7.1 系统仿真数学建模

7.1.1 Simulink 系统仿真

为了在线测算交货批的品位波动和即时调整确认交货批的样品取样份样数，本项目选择给定粒级的粒度在自动机械取制样设施的在线结果，通过小波变换，将取样初始阶段的粒度结果时间序列进行分解，将提取的信息与已知品位波动结果的特征信息比对，确定该交货批铁矿石的品位波动，随后计算份样数。Simulink 是 Matlab 环境下系统仿真，它拥有的模块库为仿真各种工程过程提供大量的信号源模块、连续模块、输出模块、运算模块、子系统模块及其与各工具箱连接模块等，用户还可以自编模块，将这些相关模块连接起来，可以构成复杂的系统模型，将原需要工程实体的实现过程进行计算机仿真，将实体仪器设备硬件虚拟化。作为尝试，将交货批铁矿石在港口卸载时的机械取样在线粒度检测每个份样结果，通过上述技术进行模块搭建，可完成自动铁矿石取样的计算机模拟过程。

7.1.1.1 Simulink 功能

（1）Simulink 是 Matlab 最重要的组件之一，它提供一个动态系统建模、仿真和综合分析的集成环境。在该环境中，无需大量书写程序，而只需要通过简单直观的鼠标操作，就可构造出复杂的系统。Simulink 是 Matlab 中的一种可视化仿真工具，是一种基于 Matlab 的框图设计环境，是实现动态系统建模、仿真和分析的一个软件包，被广泛应用于线性系统、非线性系统、数字控制及数字信号处理的建模和仿真中。Simulink 具有适应面广、结构和流程清晰及仿真精细、贴近实际、效率高、灵活等优点，基于以上优点，Simulink 已被广泛应用于控制理论和数字信号处理的复杂仿真和设计。同时有大量的第三方软件和硬件可应用于或被要求应用于 Simulink[47]。

（2）Simulink 可以用连续采样时间、离散采样时间或两种混合的采样时间进行建模，它也支持多速率系统，也就是系统中的不同部分具有不同的采样速率。为了创建动态系统模型，Simulink 提供了一个建立模型方块图的图形用户接口（GUI），这个创建过程只需单击和拖动鼠标操作就能完成，它提供了一种更快捷、直接明了的方式，而且用户可以立即看到系统的仿真结果。

（3）Simulink 是用于动态系统和嵌入式系统的多领域仿真和基于模型的设计工具。对各种时变系统，包括通讯、控制、信号处理、视频处理和图像处理系统，Simulink 提供了交互式图形化环境和可定制模块库来对其进行设计、仿真、执行和测试。

构架在 Simulink 基础之上的其他产品扩展了 Simulink 多领域建模功能，也提供了用于设计、执行、验证和确认任务的相应工具。Simulink 与 Matlab 紧密集成，可以直接访问 Matlab 大量的工具来进行算法研发、仿真的分析和可视化、批处理脚本的创建、建模环境的定制以及信号参数和测试数据的定义。

7.1.1.2 Simulink 特点

（1）丰富的可扩充的预定义模块库；

（2）以交互式的图形编辑器来组合和管理直观的模块图；

（3）以设计功能的层次性来分割模型，实现对复杂设计的管理；

（4）通过 Model Explorer 导航，创建、配置、搜索模型中的任意信号、参数、属性，生成模型代码；

（5）提供 API 用于与其他仿真程序的连接或与手写代码集成；

（6）使用 Embedded Matlab 模块在 Simulink 和嵌入式系统执行中调用 Matlab 算法；

（7）使用定步长或变步长运行仿真，根据仿真模式（Normal，Accelerator，Rapid Accelerator）来决定以解释性的方式运行或以编译 C 代码的形式来运行模型；

（8）图形化的调试器和剖析器来检查仿真结果，诊断设计的性能和异常行为；

（9）可访问 Matlab 从而对结果进行分析与可视化，定制建模环境，定义信号参数和测试数据；

（10）模型分析和诊断工具来保证模型的一致性，确定模型中的错误。

7.1.1.3 启动操作

（1）在 Matlab 命令窗口中输入 Simulink。在桌面上出现一个称为 Simulink Library Browser 的窗口，在这个窗口中列出了按功能分类的各种模块的名称。当然用户也可以通过 Matlab 主窗口的快捷按钮来打开 Simulink Library Browser 窗口。

（2）在 Matlab 命令窗口中输入 Simulink3。在桌面上出现一个用图标形式显示的 Library：Simulink3 的 Simulink 模块库窗口。

两种模块库窗口界面只是不同的显示形式，用户可以根据各人喜好进行选用，一般说来第二种窗口直观、形象，易于初学者，但使用时会打开太多的子窗口。

7.1.1.4 模块介绍

Simulink 模块库按功能进行分类，包括以下 8 类子库：

（1）连续模块（Continuous）continuous. mdl。

Integrator：输入信号积分；

Derivative：输入信号微分；

State-Space：线性状态空间系统模型；

Transfer-Fcn：线性传递函数模型；

Zero-Pole：以零极点表示的传递函数模型；

Memory：存储上一时刻的状态值；

Transport Delay：输入信号延时一个固定时间再输出；

Variable Transport Delay：输入信号延时一个可变时间再输出。

（2）离散模块（Discrete）discrete. mdl。

Discrete-time Integrator：离散时间积分器；

Discrete Filter：IIR 与 FIR 滤波器；

Discrete State-Space：离散状态空间系统模型；

Discrete Transfer-Fcn：离散传递函数模型；

Discrete Zero-Pole：以零极点表示的离散传递函数模型；

First-Order Hold：一阶采样和保持器；

Zero-Order Hold：零阶采样和保持器；

Unit Delay：一个采样周期的延时。

（3）函数和平台模块（Function&Tables）function. mdl。

Fcn：用用户自定义的函数（表达式）进行运算；

Matlab Fcn：利用 matlab 的现有函数进行运算；

S-Function：调用自编的 S 函数的程序进行运算；

Look-Up Table：建立输入信号的查询表（线性峰值匹配）；

Look-Up Table （2-D）：建立两个输入信号的查询表（线性峰值匹配）。

（4）数学模块（Math）math. mdl。

Sum：加减运算；

Product：乘运算；

Dot Product：点乘运算；

Gain：比例增益运算；

Math Function：包括指数函数、对数函数、求平方、开根号等常用数学函数；

Trigonometric Function：三角函数，包括正弦、余弦、正切等；

MinMax：最值运算；

Abs：取绝对值；

Sign：符号函数；

Logical Operator：逻辑运算；

Relational Operator：关系运算；

Complex to Magnitude-Angle：由复数输入转为幅值和相角输出；

Magnitude-Angle to Complex：由幅值和相角输入合成复数输出；

Complex to Real-Imag：由复数输入转为实部和虚部输出；

Real-Imag to Complex：由实部和虚部输入合成复数输出。

（5）非线性模块（Nonlinear）nonlinear. mdl。

Saturation：饱和输出，让输出超过某一值时能够饱和；

Relay：滞环比较器，限制输出值在某一范围内变化；

Switch：开关选择，当第二个输入端大于临界值时，输出由第一个输入端而来，否则输出由第三个输入端而来；

Manual Switch：手动选择开关。

（6）信号和系统模块（Signal&Systems）sigsys. mdl。

In1：输入端；

Out1：输出端；

Mux：将多个单一输入转化为一个复合输出；

Demux：将一个复合输入转化为多个单一输出；

Ground：连接到没有连接到的输入端；

Terminator：连接到没有连接到的输出端；

SubSystem：建立新的封装（Mask）功能模块。

（7）接收器模块（Sinks）sinks. mdl。

Scope：示波器；

XY Graph：显示二维图形；

To Workspace：将输出写入 Matlab 的工作空间；

To File（. mat）：将输出写入数据文件。

（8）输入源模块（Sources）sources. mdl。

Constant：常数信号；

Clock：时钟信号；

From Workspace：来自 Matlab 的工作空间；

From File（. mat）：来自数据文件；

Pulse Generator：脉冲发生器；

Repeating Sequence：重复信号；

Signal Generator：信号发生器，可以产生正弦、方波、锯齿波及随意波；

Sine Wave：正弦波信号；

Step：阶跃波信号；

Ramp：斜坡信号。

7.1.2 SimuWave 小波仿真模块

在 Matlab 的小波工具箱中建有许多小波函数命令，也有专门的图形用户界面，但是就是没有在 Simulink 下的小波算法模块。实际上，有第三方的 Simu-Wave 小波分析工具箱可供使用。本节简要介绍 SimuWave 小波分析工具箱，提出"小波滤波器"模块的设计思路和构造方法，并应用到品位波动预测中，为小波变换系统仿真创造了一个极其有效的虚拟平台。

7.1.2.1 SimuWave 小波分析工具箱介绍

SimuWave 是一个基于 Matlab/Simulink 的小波分析工具箱，由法国国立巴黎高等矿业学校（Ecole Nationale Superieure des Mines de Paris，ENSMP）的 F. Chaplais 教授开发。他同时还是 ENSMP 自动控制系统研究中心（Centre Automgique et Systbmes，or CAS）的教授研究员，其研究方向是分析方法、滤波、小波及航天领域，在 ENSMP 讲授控制论、小波理论及小波在图像处理方面的应用等课程，参与过欧洲航空防御及航天集团公司（European Aeronautic Defence&Space Company，EADS）的运载火箭计划。他对小波分析应用很有造诣，富于经验，发表了很多相关论文。SimuWave 是其在教学、研究工作中的创造发明，是目前所知的唯一一个基于 Simulink 的小波分析工具箱。

F. Chaplais 教授对 SimuWave 提供技术支持，网站同时提供最新的研究论文和 Simulink 模型文件下载。

SimuWave 有以下几个特点：

（1）图形化构建、表达小波函数结构及整个小波处理过程；

（2）信号处理过程产生的延时可以控制；

（3）系统植入小波算法，响应可以评估。

藉此可以在 Simulink 下很方便地构建仿真模型，可以按需要设计出各种合适的"小波滤波器"模块，将其像元件一样方便地插入到系统任何需要小波分析的地方，小波的算法仿真和系统的功能描述模型可以在一个统一的图形编程环境下完成。

7.1.2.2 基本模块

SimuWave 工具箱的模型库主要由以下各个部分组成：基本算子模块集、增强型基本算子模块集、分解模块集、重构模块集、信号发生器模块集、外壳模块以及其他辅助类的模块。图 7-1 是 SimuWave 工具箱的模型库。图 7-2 是基本算子模块集。

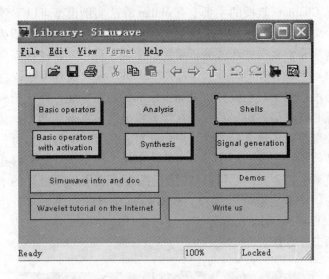

图 7-1 SimuWave 工具箱的模型库

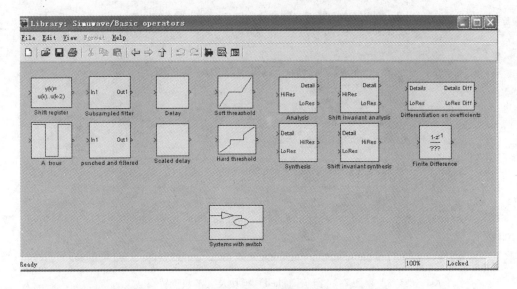

图 7-2 基本算子模块集

在基本算子模块集中,包含了 Mallat 算法中用到的绝大多数基本模块,例如移位寄存器模块、升采样(A trous)模块、升采样滤波器模块、降采样滤波器模块、延时模块、按尺度延时模块、软阈值模块、硬阈值模块、基本的分解模块、基本的重构模块、移位不变（时不变）分解模块、移位不变（时不变）重构模块、系数微分模块、有限长微分模块。利用这些模块，我们可以在 Simulink 构造不同形式的小波滤波器组件，实现诸如多孔小波算法、插值小波算法等的离散小波变换。在 F. Chaplais 教授的主页上有 Mallat 算法实例模型可以下载。

其他模块集则是对基本算子模块集中各种功能单元的扩展和增强，利用这些库模型可以构造非常复杂的小波分析系统，实现各种小波算法。需要强调一下的是外壳（shell）模块，图 7-3 所示为外壳（shell）模块及其参数设置。SimuWave 作者的本意是用它把所有小波分析处理模块都封装在一起，便于统一选择小波函数，设定采样时间和消失距等参数。在作者给出的仿真例子当中，信号源、小波分析组件都被封装在了这个外壳模块里面，对外只有若干输出信号，没有输入信号。整个模型就是一个统一的小波分析算法实现，不便于算法的移植复用。在实际信号处理模型中，需要的是可以随时随地穿插到需要信号处理的节点之间的有输入和输出的"小波滤波器"模块。SimuWave 工具箱提供了几个小波分析的模型，参考 SimuWave 算例的实现方法，可以设计这种小波分析模块。下面一节就着重介绍它的设计方法。

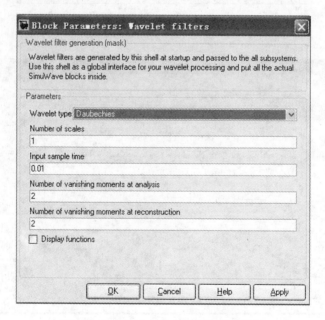

图 7-3 外壳（shell）模块及其参数设置

7.1.2.3 小波滤波器的设计

信号处理的小波方法就是通过小波变换把信号映射到小波空间，得到一组小波分解系数矢量，对这组矢量进行一定的分析处理，再通过逆小波变换，就可以得到满足要求的目标信号。这个过程，可以抽象出"小波滤波器"的概念。基于 SimuWave 小波分析工具箱，可以方便地在 Simulink 中进行小波滤波器的设计。

A 原理介绍

SimuWave 小波分析工具箱的编程思想源于离散小波变换的快速算法——Mallat 算法。在 Simulink 中，晦涩难懂的小波算法以一种一目了然的滤波运算形式展现了出来。如图 7-1 所示，打开 SimuWave 的模块库，逐级查看核心的分解和重构模块的下级子模型，最终会发现低通、高通滤波器组（S 函数编写的，名为 sFIR 的模块）的递归调用和金字塔式结构。在 Simulink 的 Demo/Blocksets/DSP/Wavelets 下有四个小波信号处理应用的实例模型，同样也会发现类似的滤波器组结构。实际上，离散小波变换的本质就是用 FIR 或 IIR 小波滤波器组对采样信号进行处理，执行离散小波变换的有效方法是使用滤波器。用滤波器执行离散小波变换的概念，即原始的输入信号，通过两个互补的滤波器产生 A 和 D 两个信号，A 表示信号的近似值（approximations），D 表示信号的细节值（detail）。在许多应用中，信号的低频部分是最重要的，而高频部分起一个"添加剂"的作用。犹如声音那样，把高频分量去掉之后，听起来声音确实是变了，但还能够听清楚说的是什么内容。相反，如果把低频部分去掉，听起来就莫名其妙了。在小波分析中，近似值是大的缩放因子产生的系数，表示信号的低频分量。而细节值是小的缩放因子产生的系数，表示信号的高频分量。

原始信号通过这样一对滤波器进行的分解叫做一级分解。信号的分解过程可以迭代，也就是说可进行多级分解。如果对信号的高频分量不再分解，而对低频分量连续进行分解，就可得到许多分辨率较低的低频分量，形成如图 1-1 所示的一棵比较大的树。这种树叫做小波分解树（wavelet decomposition tree）。分解级数的多少取决于要被分析的数据和用户的需要。这种分析方法就是多分辨率分析。

小波分解树表示只对信号的低频分量进行连续分解。如果对信号的低频分量和高频分量同时连续分解，这样不仅可得到许多分辨率较低的低频分量，而且也可得到许多分辨率较低的高频分量。这种分析方法就是小波包分析。这样分解得到的树叫做小波包分解树（wavelet packet decomposition tree），这种树是一个完整的二叉树。在第 3 章，图 3-1 表示了一棵三级小波包分解树。小波包分解方法是小波分解的一般化，可为信号分析提供更丰富和更详细的信息，见图 1-2。

顺便要提及的是，在使用滤波器对真实的数字信号进行变换时，得到的数据将是原始数据的两倍。例如，如果原始信号的数据样本为 1000 个，通过滤波之后每一个通道的数据均为 1000 个，总共为 2000 个。于是，根据尼奎斯特（Nyquist）采样定理就提出了降采样（downsampling）的方法，即在每个通道中每两个样本数据取一个，得到的离散小波变换的系数（coefficient）分别用 cD 和 cA 表示。在 SimuWave 中对应的模块为 "subsampled filter"，可直译为子带采样滤波器，其实就是具有降采样功能的 FIR 滤波器，S 函数编写的 FIR 滤波器决定小波类型，零阶保持器的采样时间初始化为低通或者高通滤波器采样时间的两倍，实现降采样离散小波变换分析信号的过程是小波分解（wavelet decomposition）或为分析（analysis），把分解的系数还原成原始信号的过程是小波重构（wavelet reconstruction）或为合成（synthesis），数学上叫做逆离散小波变换（inverse discrete wavelet transform，IDWT）。

在使用滤波器做小波分解时包含滤波和降采样两个过程，在小波重构时要包含升采样（upsampling）和滤波过程，在 SimuWave 中对应的模块为 "punched filter"。升采样是在两个样本数据之间插入 "0"，目的是把信号的分量加长。升采样的过程，在 SimuWave 中对应 "A trous" 模块。

重构过程非常重要，滤波器把函数和序列分解为许多子部分，而伴随算子则将这些子片段合为一个整体，在具有所谓精确重建滤波器的情况下，该运算可恢复原始信号，如滤波器为正交的，则分解的片段就为正交的。在信号的分解期间，降采样会引进畸变，这种畸变叫做混叠（aliasing）。这就需要在分解和重构阶段精心选择关系紧密但不一定一致的滤波器才有可能取消这种混叠。

这些滤波器组必须满足特定的代数条件。保证精确重构的一个方法是使每个滤波器的 Fourier 变换在 $f = 1/2$ 点具有镜像对称性。这种滤波器被称为正交镜像滤波器（quadrature mirror filter，QMF）。低通滤波器和高通滤波器组成的分解滤波器组（L 和 H）以及重构滤波器组（L′ 和 H′）构成一个系统，这个系统叫做正交镜像滤波器系统。另外一种对称假设使得能精确重建的正交 FIR 滤波器成为可能，这些滤波器被称为共轭正交滤波器（conjugate quadrature filters，CQFs）。通过放松正交性条件，我们还可获得叫做双正交精确重建滤波器的大家族，这种滤波器由两对组成：分析滤波器对将信号分解为两段，合成滤波器对将信号重组。所有这些滤波器都可为 FIRs，这种额外的自由对滤波器设计是非常有用的。

B　实现方法

如何来实现这样的一个小波滤波器呢？主要采用如下的四个步骤来实现：

（1）设定采样率。若信号连续，那么必须以能够捕获原信号必要细节的速率采样，对数据离散化，便于数字系统处理。采样率遵循 Nyquist 采样定理。对于谐波检测系统，需要处理的信号最高频率大约为工频 50Hz 的 40 次谐波，也即 3000Hz，为了准确测量到该次谐波信号，此时的采样率至少应为 4000Hz。基于 Simulink 可以利用零阶保持器实现这个采样过程，模块的采样时间根据采样率设定。在实际系统中，采样之前还应有一个预处理步骤，信号一般还需经过一个带通滤波器滤除旁带干扰噪声，对于数字信号处理系统，采样之前还要经过一个软件实现的信号消噪过程。

（2）小波分解。为了进行信号处理，诸如滤波和数据压缩等，需要一个有效的算法来把信号分解成若干个不同的频率分量。基本的分解算法有两种，即形如 Mallat 算法的塔式二进分解和均匀子带的小波包分解。利用 SimuWave 中基本的分解模块相互级联，我们可以得到多种拓扑结构的小波分解滤波器，每种拓扑得到的频率子带是不同的，相应的小波系数代表了不同的含义。

（3）信号处理。经过若干层小波滤波器组分解，信号投影到了小波空间，得到一组小波分解系数矢量。"小波滤波器"是个泛泛的概念，可以包括信号消噪滤波器、数据压缩滤波器、信号调制滤波器、信号发送滤波器、信号接收滤波器、信号恢复滤波器，等等。它们都采用小波分析的方法，区别在于对分解波空间的小波系数的不同处理方式。消噪对应小波系数的阈值化，压缩对应小波非显著系数的舍弃处理。简单处理可以选用 SimuWave 提供的两种阈值模块，如果处理方式比较复杂，那么可以在 Simulink 中自行搭建满足需要的处理单元。

（4）小波重构。小波重构是小波分解的逆过程，将处理过的小波系数合成为与原始信号相似的重构信号。严格的重构滤波器要能与分解滤波器配对，完全再现原始信号。在信号处理中，有时我们会人为地引入失真，以达到某方面的需要。所以从应用角度来说，重构滤波器结构可以和分解滤波器结构完全无关。在 Simulink 中实现小波重构也主要是利用 SimuWave 中的重构模块相互级联，得到多种拓扑结构的小波重构滤波器。

7.2 铁矿石取样的系统仿真

通过对时域信号分析，可以设计这样的滤波器，它能够有针对性地在足够快的时间内平滑信号噪声。通常首先考虑的是常规低通滤波器的设计，因为低通滤波器最擅长滤除叠加在低频信号上的高频干扰。换个思维角度，如果对某处信号的滤波，除了低通滤波作用外，将高通滤波时的阈值提取作为品位波动的评估特征参数，这恰恰适合小波分析中的多分辨思想的灵活运用。基于这个思想，本项目设计了"低时延、模拟高低通滤波、保持信号动态、基于小波算法的数字滤波器"。

7.2.1 铁矿石取样实用性滤波器

从实验角度来说明小波滤波器的设计过程。针对时域有功、无功信号的特征，后级滤波器需要平滑噪声。这显然是信号消噪方面的问题，考虑用小波滤波器来实现。在 SimuWave 小波工具箱中有四个 demo 文件，其中的 denoising in basis. mdl 文件演示了小波滤波器在信号消噪方面的应用，图 7-4、图 7-5 为 denoising in basis. mdl 模型及其滤波器结构图。

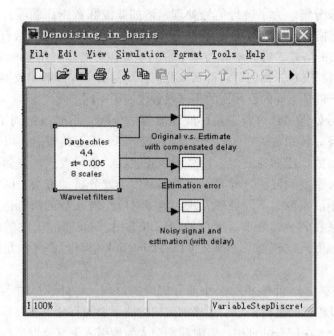

图 7-4　模型及其滤波器结构图 1

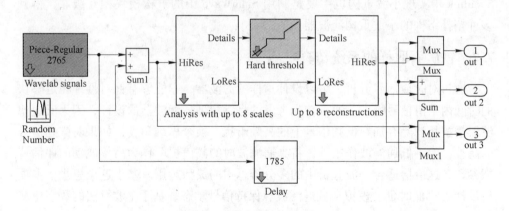

图 7-5　模型及其滤波器结构图 2

　　因此，小波滤波器的分解和重构滤波器都可选用同种类型的小波分析基本模块，并且采用硬阈值滤波。在模型中可以设置的参数主要有小波函数类型、噪声容限、尺度、采样率、分解的消失距、重构的消失距等。SimuWave 小波工具箱给出了三种可用的小波函数，采用 Daubechies 小波延时比较小，光滑性比较好，因此本设计选用 Daubechies 小波。实际应用中，还可以通过调整这几个关键参数满足特定滤波要求。图 7-6 为 8 层分解模块，图 7-7 为重构模块。

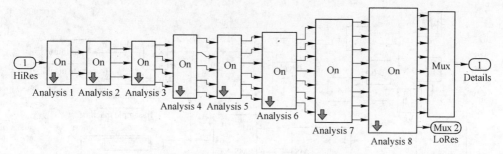

图 7-6　Daubechies 小波 8 层分解模块

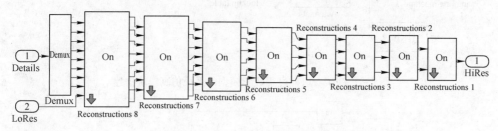

图 7-7　Daubechies 小波重构模块

7.2.2　铁矿石取样系统仿真

7.2.2.1　系统描述

根据上述第 3 章份样质量（m_1）、品位波动（LMS）、份样个数（n_1）、取样间隔（Δm）的计算原理，采用 Matlab/Simulink 数学模块搭建方法，仿真份样质量计算，通过时间序列小波变换确定品位波动的"大、中、小"，输出结果用于份样个数仿真计算及取样间隔仿真计算。品位波动的确认结合贝叶斯后验时间序列法，即将某一品种铁矿石交货批最初 10 个份样粒度结果与同类已知品位的 10 个份样粒度值对照，对照的依据为将数据小波分解后代表品位波动曲线振幅的特征阈值，输出的品位结果输入查表模块（查表数据源自表 2-1），最终得出份样个数及取样间隔。所有模拟结果均可收入取样设施，并将实时模拟过程用显示器显示。

7.2.2.2　模块搭建

参考 7.2.1 的模型，铁矿石取样过程数学模型的系统仿真模块搭建见图 7-8。其中小波变换子系统模块采用 SimuWave 工具，利用基于第三方的 SimuWave 的小波分析工具箱，可以方便地在 Simulink 中进行小波滤噪器的设计，查表子系统模块见图 7-9。图 7-8 的 Wavelet 模块封装了一个 SimuWave 模块，小波选择 Daubechies 小波，小波分解最高可达 8 层，该模块可将小波分解高通部分进行阈值提取，确认品位波动的"大、中、小"，除数据输出外，模块内安装能显示原始时间序列、高通时间序列、重构后时间序列及其它们的合成曲线，见图 7-10。

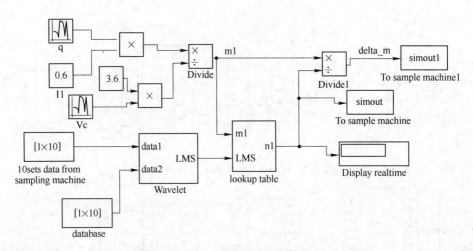

图 7-8 铁矿石取样过程数学模型的系统仿真模块搭建

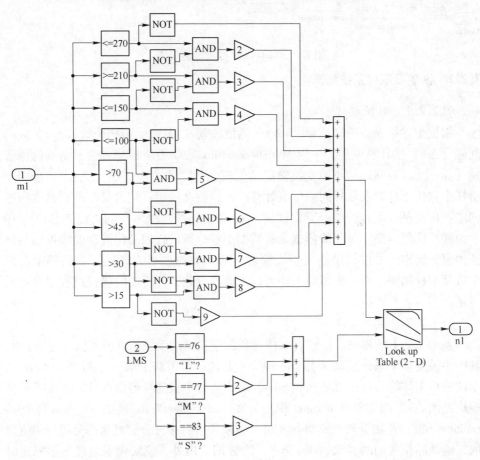

图 7-9 查表子系统模块

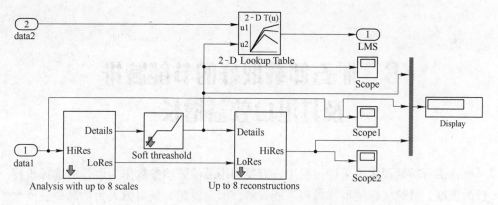

图 7-10 db 小波多层分解的品位波动确认模块

图 7-11 为图 7-8 小波滤波器的展开图，该滤波器展开后见图 7-10。图 7-6 第 7 层分解模块展开图见图 7-12，该模块还可以层层展开。

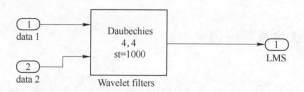

图 7-11 图 7-8 小波滤波器展开图

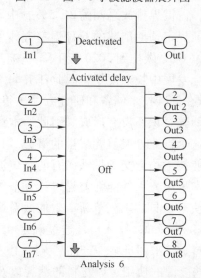

图 7-12 图 7-6 第 7 层分解模块展开图

通过 Matlab/Simulink 数学建模模拟铁矿石取样，再应用 Matlab 的输入输出接口技术，可以将该数学模块进行封装，并将其嵌入取制样设施的中央控制软件，达到铁矿石取样人工智能化。

8 矿石卸载取样的节能减排及其港口效益增长

在矿石质量评定的采样过程中，需要利用品位波动参数作为取样时选择份样数的依据，虽然实际的取样过程不能省略，但需要花大量财力人力的品位波动参数获取则可以用模拟实验的数据代替。本章以进口铁矿石卸载为例，尝试将人工智能技术替代传统矿石品位波动实验后，计算能节省多少能源、减排多少二氧化碳当量，讨论在整个取样过程中对节能减排的贡献，以及该节点对港口经济效益增长的作用。

8.1 LCA 方法论及其应用

8.1.1 概述

我国每年的能源消耗和二氧化碳排放量都在迅速上升，2008 年我国已经成为世界第一大碳排放国，占世界排放总额的 21.5%，中国的碳排总量已经形成巨大的国际压力。联合国规定预期削减的 6 种温室气体首先是 CO_2，由于我国在哥本哈根会议承诺单位 GDP 碳排到 2020 年下降 45%，同时将其作为约束性指标纳入国民经济和社会发展中长期规划，因此任务非常艰巨。对低碳问题的关注起于 2005 年。全球在低碳技术储备和研究方面还很不足，中国尤其如此，甚至我国大多数国民的低碳意识还没有形成。因此，本章想从矿石卸载取样技术的改进，分析在我们这个行业开展节能减排的潜力。具体方法为：以铁矿石卸载为例，采用人工智能技术仿真交货批铁矿石的品位波动确定过程，然后完成取样。分析比对新技术采用先后的能耗差异，计算节约的碳排放，并评估对港口经济的影响，从而使一项具体工艺革新产生的效益影响整个工艺流程。生命周期评价（life cycle assessment, LCA）是通过确定和量化相关能源的使用、物质的消耗、废弃物的排放，来评价某一产品、某一工艺过程或事件的环境负荷，并定量给出由于这些能源的使用、原材料的消耗以及废弃物的排放所造成的环境冲击（环境影响），最后辨识减少这些影响的机会。评价过程涉及一个产品或一个工艺过程的全生命周期，即从原料的提取、加工，到制造、运输、使用、维护，直至最终废弃处置。在本例研究中采用 LCA 方法不失为一种行之有效的手段[49,50]。

8.1.2 LCA 方法研究内容

8.1.2.1 LCA 进展

LCA 最早出现在 20 世纪 60 年代末的美国，当时美国开展了一系列针对包装品从最初的原材料采掘到最终的废弃物处理进行全程跟踪和定量分析（从摇篮到坟墓）的研究工作。1990 年首次提出生命周期（LCA）概念，1997 年后相继颁布生命周期评价的国际标准。目前，除包装品领域外，LCA 主要用于公共政策的制订，或用于环境标志和生态标志的确定。在工业领域，LCA 主要用于识别对环境影响最大的工艺过程和产品系统，即以环境影响最小为目标，分析比较某一产品系统的不同方案、新产品开发和评估产品的资源效应等。我国关于 LCA 的研究始于 20 世纪 90 年代，我国专家从清单分析开始，直至 LCA 数据库设计开发，目前我国四川大学、亿科环境科技、中科院生态环境研究中心、同济大学、宝钢开发了不同特点的 LCA 数据库[50~52]。

8.1.2.2 目标和范围确定（goal and scope definition）

生命周期评价方法，作为一种重要的环境管理工具已逐渐发展成为国际公认的环境管理标准（ISO 14040 & ISO 14044），已应用于指导企业进行清洁生产，开发绿色产品、绿色工艺，以及材料的环境协调性设计。但是，在国内，专门针对测试领域绿色工艺的生命周期评价的研究，尚无文献报道。

一个产品的生命周期通常分为：（1）摇篮到入门（原料提取与精制）；（2）入厂到出厂（产品制造）；（3）出厂到坟墓（产品的使用、回收和处置）。测试作为一种高科技服务产品，不是以一般的实物产品形式体现。因此所选研究的边界定义为：周期第一阶段为分析一种或多种检测工艺的环境条件；周期第二阶段为测试过程中能量、物质的输入与输出对生态环境的影响；周期第三阶段为产品输出后对环境负载的影响。

以铁矿石为例说明矿石品位波动检测的 LCA 分析。矿石品位波动一般由可代表其品位波动特性的主要成分化学分析指标、水分或给定粒级的粒度进行测算，测试方法既有化学分析法又有物理测试法，化学分析法中，既有传统的分析化学又有仪器分析，可以分析对比这些测试方法所有工艺过程，包括样品前处理、样品分析测试、废弃物处理等，分析这些方法的优劣。

8.1.2.3 清单分析（inventory analysis）

根据一个铁矿石实验室建设，铁矿石全铁含量、SiO_2 或水分含量、Al_2O_3 含量、P 含量、粒度及其取样的 ISO 标准规定的检测流程，检测服务产品输出的物理载体等，所消耗的资源、能源和废气、废水、固废排放，建立数据清单表。由于铁矿石品位波动的确定可以以上述特征指标的化学或物理实验为依据，通过比对各种方法对环境负载的影响，尤其与人工智能方法的比对，主要分析能耗，最终说明采用人工智能方法的优越性。

8.1.2.4　评价与结果解释

影响评估（impact assessment），采用生命周期清单分析的结果，来评估与这些投入产出相关的潜在环境影响。解释说明（interpretation），将清单分析及影响评估所发现的与研究目的有关的结果合并在一起，形成结论与建议。

8.1.3　LCA 的意义

8.1.3.1　LCA 作用

（1）鉴别在产品生命周期的不同阶段改善其环境问题的机会。

（2）为产业界、政府机构及非政府组织的决策提供支持，例如：企业规划、优先项目设定、产品与工艺的生态设计或改善以及政府采购。

（3）选取环境影响评价指标，包括测量技术、产品环境标志的评价等。

（4）市场营销战略，例如：环境声明、环境标志或产品环保宣传等。

生命周期评估的应用与 ISO 14001 标准的实施有着密切的关系。ISO 14001 要求组织应建立程序以识别其活动、产品及服务中的环境因素与重大环境因素，并在制定目标指标时将重大环境因素加以考虑。生命周期评估即是一个可用来识别这些环境因素的方法。但是基于时间及财务等考虑，ISO 14001 也并不要求进行完整的生命周期评估。

8.1.3.2　社会影响

生命周期评估作为一个实用的分析工具，可用来为支持组织的战略计划、产品设计或再设计、环境行为评价、环境标志方案设计等收集信息，也可为政府管理机构的产品分析提供有关信息。它的颁布必将对组织的生产经营活动产生巨大而深远的影响。

随着世界各国社会经济的不断发展，人类的生产经营活动的环境影响越来越大，人们迫切要求获取产品和服务的有关信息，以便进行全过程控制与改进。在大量的环境行为及其责任投诉和争议面前，消费者和利益团体要求知道某种产品真正的环境影响究竟是什么；在改善环境行为的压力下，制造商们希望知道如何在其产品的整个生命周期中减少污染；而政府和其他管理机构更要获得可靠的产品信息以帮助制定和完善其法规和环境方案。在这种背景下，国际标准化组织环境管理技术委员会（ISO/TC207）在开始制定 ISO 14000 系列标准时，即建立了第五分委员（SC5）制定生命周期评估方面的标准。其中《ISO 14040：环境管理—生命周期评估—原则和框架》已于 1997 年 6 月正式颁布为国际标准。《ISO 14041：环境管理—生命周期评估—目标与范围确定及存量分析》也已进入 DIS 阶段。

8.1.3.3　评估意义

LCA 强调全面认识物质转化过程中的环境影响，这些环境影响不但包括各种废料的排放，还涉及物料和能源的消耗以及对环境造成的破坏作用。将污染控制与减少消耗联系在一起，这样既可以防止环境问题从生命周期的某个阶段转移到另一个阶段或污染物从一个介质转移到另一个介质，也有利于通过全过程控制实现污染预防。

LCA 的目标不仅仅是实现达标排放，而是改善产品的环境性能，使其与环境相容。因此，可以说 LCA 的思想原则导致了新的环保战略——推行清洁生产。首先，LCA 可促进企业认识与企业活动相联系的所有环境因素，正确全面理解自己的环境责任，积极建立环境管理体系，制定合理可行的环境方针和环境目标。其次，LCA 可协助企业发现与产品有关的各种环境问题的根源，发现管理中的薄弱环节，提高物料和能源的利用率，减少排污，降低产品潜在的环境风险，实现全过程控制。

8.2 实验室环境设施建设

以北仑出入境检验检疫局铁矿石国家级重点实验室为例，说明铁矿石实验室节能减排的影响。

8.2.1 铁矿石实验室自然环境

实验室位于宁波市北仑区新城市中心区，长江路和庐山路交叉口东北侧，具体位置为，东面为九峰社区（距离本项目约20m），南面隔庐山路为规划霞浦街道办事处，西侧隔长江路为规划客运中心，自然环境简况：

（1）地形地貌：北仑区的地理坐标介于北纬 $29°44'$ 至 $30°00'$、东经 $121°3'8''$ 至 $121°10'23''$ 之间，地形呈狭长不规划三角形，西北为滨海水网平原，东南为低山丘陵区，面积4.4万平方公里，区内河流池塘交错密布，地势向海岸方向略有倾斜，坡度小于0.1%，地面标高为 $1.9 \sim 3.8m$，略低于高潮海水水面。区境地形复杂，临海、多山、河流交叉、丘陵与小平原混杂。地势东南向西北倾斜。

（2）气象、气候特征：北仑区气候属亚热带季风气候，四季分明，气候温和湿润，雨量充沛。冬季少雨干冷，春末夏初为梅雨季节，7～8月受太平洋副热带高压控制，天气晴热少雨。由于地处沿海，受海陆风影响比较明显，夏秋季节受太平洋台风影响，伴有大风和暴雨。本区域主要气象要素如下：

历年最高气温38.7℃，历年最低气温 -8.8℃，年平均气温16.3℃，年平均相对湿度82%，多年平均降水量1312.3mm，年平均气压101.65kPa，年平均雨日159.5天，年平均风速4.82m/s，主导风向 SE（10.8%）。

（3）水文：北仑区河网纵横交错，区内水系主要有甬江、小浃江、岩泰河水系和芦江水系，除甬江、小浃江由外区流入外，其余多发源于当地山区，为独立入海的笋小河流，河网密度小且水深随季节及灌溉用水量的变化较大。

（4）大楼简况：北仑检验检疫局综合实验楼主楼19层，附楼5层，连接主附楼之间的裙房为报检大厅及多功能厅。项目主要技术经济指标为：

总用地面积：20078.1m²；

总建筑面积：31700m²，其中地上面积：29915m²；

综合实验用房主楼：18789m²；

综合实验用房裙房：3338m²；

综合实验用房附楼：6688m²；

地下面积：2620m²（含人防1650m²）；

架空层：1100m²；

占地面积：4990 m²；

建筑密度：25%；

容积率：1.62；

绿地面积：7030m²；

绿地率：35%；

停车位：239个。

项目为具有综合业务管理用途特点的综合实验用房，19层主楼居于基地北侧紧贴高层控制线，5层附楼紧贴南侧多层控制线，裙房报检大厅及多功能厅居于二者之间朝向长江南路，既联系了建筑群体，又相互围合成大广场。入口广场通过设置广场中心绿地，使得主楼、裙房及附楼各分区之间既相互联系又有适当分隔，满足了不同功能分区的要求。主楼地上19层，地下一层，办公、实验为一体。

8.2.2 污染情况及主要环境问题

北仑出入境检验检疫局实验室现状生产过程中的主要污染物为：

（1）废气。现有实验室在进行一些理化实验过程中有少量易挥发化学品挥发，主要为盐酸雾、硫酸雾、硝酸雾、甲烷总烃等。有挥发气体产生的实验在通风柜内进行，通风柜废气经收集后通过排气筒排放。

（2）废水。现有理化实验室、石化实验室等清洗实验器皿等时有废水产生，其中含酸、碱等污染物废水产量约1t/d。目前经中和后排入市政污水管网。

生活污水产生量为12.5t/d，目前经化粪池处理后排入市政污水管网。

（3）固体废弃物。生活垃圾委托环卫部门及时清运、处置，对周围环境影响不大。

另外，实验室会有一些废液、废渣产生。分类收集后委托大地环保公司进行安全处理。

8.2.2.1 污染源分析

（1）废气：产生的废气主要为实验室废气。实验室在进行一些理化实验过程中可能有少量易挥发化学品挥发，主要为盐酸雾、磷酸雾、硝酸雾、非甲烷总烃等，废气产生量约 $20000m^3/h$。

（2）废水：根据生产过程的分析，排放的废水主要为实验室废水和办公用房的生活污水。本项目理化实验室清洗实验器皿等时有废水产生，其中含酸、碱类等污染物废水产生量约 1.5t/d。根据类比调查，废水水质为 COD_{cr} 100～300mg/L，BOD_5 80～150mg/L。平均生活用水量按50L/（人·d）计，则生活用水量约 19t/d，生活污水量按用水量的90%计，则生活污水产生量为 17t/d，主要污染因子为 COD_{cr}、BOD_5、NH_3-N，一般生活污水水质为 COD_{cr} 400mg/L，BOD_5 300mg/L，NH_3-N 35mg/L。

8.2.2.2 实验室试剂消耗

实验室试剂消耗量见表8-1。

表8-1 实验室试剂消耗量

序号	名 称	年消耗量/瓶	序号	名 称	年消耗量/瓶
1	盐 酸	800	20	碳酸钠	2
2	硫 酸	60	21	二氧化硅	1
3	硝 酸	400	22	氧化镍	1
4	氢氟酸	40	23	硫酸钙	1
5	磷 酸	50	24	氧化镁	1
6	高氯酸	100	25	三氧化二锰	1
7	四硼酸锂	25	26	4-甲基-2-戊酮	20
8	溴化锂	3	27	混合助熔剂	8
9	硝酸锂	2	28	铜标准溶液	1
10	碘化铵	2	29	钠标准溶液	1
11	纯铁熔剂	15	30	钾标准溶液	1
12	钨助熔剂	8	31	钙标准溶液	1
13	锡助熔剂	8	32	镁标准溶液	1
14	坩 埚	10000	33	锌标准溶液	1
15	抗坏血酸	150	34	铅标准溶液	1
16	硼氢化钠	1	35	砷标准溶液	1
17	氯化铯	10	36	铬标准溶液	1
18	氯化锶	20	37	镉标准溶液	1
19	铁 粉	2	38	铁精矿	1

序号	名　称	年消耗量/瓶	序号	名　称	年消耗量/瓶
39	硫酸亚铁	3	47	二氧化锡	1
40	焦硫酸钾	10	48	三氧化二铁	1
41	高锰酸钾	5	49	四氧化三锰	1
42	钨酸钠	1	50	碳酸钙	1
43	二苯胺磺酸钠	5	51	二氧化钛	1
44	双氧水	2	52	磷酸二氢钾	1
45	无水乙醇	10	53	国外铁矿标样	9
46	过氧化钠	2	54	实验用气	60

8.2.3　LCA 清单分析

8.2.3.1　实验室建设与条件准备

以北仑检验检疫局铁矿石国家级重点实验室为例进行实验室建设的案例分析。通常普通建筑物的使用寿命以 50 年计。建筑材料的开采、生产和加工过程中会产生大量的能耗。一种建筑材料所涉及的能耗，包括生产的直接能耗和原材料的生命周期能耗（间接能耗），上述两部分构成了建筑材料的内在能量。另外，部分可回收的材料回收再利用过程的能耗也应考虑在内。实验室面积 1000m²，取样站面积 500m²，根据建筑施工决算所使用的材料清单，计算建材生产阶段每平米建筑面积的能耗。施工阶段存在材料的运输，根据我国主要建材的平均运输距离及其工程决算所耗建材计算能耗。施工阶段的主要能耗为各种机械设备，可根据工程决算涉及的台班及其所耗油料、电能计算。表 8-2 ～ 表 8-6 为建材生产、运输、施工的能耗信息。

表 8-2　单位建材生产能耗　　　　　　　　　　（MJ/kg）

建材	单位能耗	建材	单位能耗	建材	单位能耗	建材	单位能耗
钢筋	25.83	水泥	5.5	混凝土	2880	涂料	25.2
回收钢筋	14.1	沙子	0.6	面砖	2.7	石灰	5.69
其他钢筋	38.43	卵石	0.2	玻璃	19.94	沥青	50.2
回收钢材	11.6	铝材	207	回收玻璃	11.9	塑料	112.3
木材	1.8	回收铝材	129.8	漆	25.2	混净土砌块	1.62

表 8-3　建材耗量

材料名称	单位	数量	材料名称	单位	数量	材料名称	单位	数量	材料名称	单位	数量
螺纹钢	t	83	细沙	M3	50	商品混凝土 C15	M3	12	防水涂料	kg	1600

材料名称	单位	数量	材料名称	单位	数量	材料名称	单位	数量	材料名称	单位	数量
焊条	kg	401	特细沙	M3	20	商品混凝土 C25	M3	121	石灰膏	M3	3.5
圆钢	t	0	铝合金板	kg	12	商品混凝土 C35	M3	0	标砖	千匹	30
镀锌铁丝	kg	20	混凝土砌块	M3	175	商品混凝土 C20	M3	2.2	页岩砖	千匹	10
钢丝网	M2	1023	炉渣	M3	80	商品混凝土 C25	M3	299	水	M3	575
二等铝材	M3	0	纤维布	M2	60	石油沥青	kg	0	脚手架	kg	1000
水泥 32.5	t	36.8	支撑模板	kg	5020	改性沥青	kg	0	组合模板	kg	3820

表8-4 主要建材的平均运输距离

建材	运输距离/km	建材	运输距离/km	建材	运输距离/km	建材	运输距离/km
砂石	20	钢材	125	玻璃	100	涂料	80
水泥	100	墙材	60	木材	80	混凝土砌块	50

表8-5 不同运输方式的单位能耗

运输方式	能耗/kJ·(t·km)$^{-1}$	运输方式	能耗/kJ·(t·km)$^{-1}$	运输方式	能耗/kJ·(t·km)$^{-1}$
铁路(柴油)	361.9	公路(柴油)	242.3	水路	468

表8-6 机械用量及台班量

机械名称	额定功率/kW	年台班	工期折算	机械名称	额定功率/kW	年台班	工期折算
混凝土搅拌机	10	365	30	平板振捣器	1.5	400	25
蛙式打夯机	1.5	400	33	混凝土振捣器	0.8	700	30
砂浆搅拌机	3	360	30	电焊机	7.5	400	22
钢筋切割机	15	200	21.67	钢筋调直机	4	100	25
电渣压力焊机	500	300	25	水泵	1	200	16.67
塔吊	1000	500	41.67	钢筋成型器	4	100	25

建材生产阶段总能耗：3129526438.52MJ，即3129526MJ/m²；

施工阶段材料运输总能耗：1686.05MJ；

施工阶段各种机械设备总能耗：1994627.52MJ；

总计：3131522752.09MJ，折合碳排（CO_2）2458245.36t。

8.2.3.2 测试过程的分析

以简化变量法分析评价铁矿石品位波动的特征指标全铁含量、SiO_2 或水分含量、Al_2O_3 含量、P 含量、粒度的能耗、排放，与人工智能方法比较，说明人工智能方法的优越性。交货批为 112000t，份样 40 个，能耗、排放详见表8-7。

表 8-7　评价铁矿石品位波动的特征指标测试能耗、排放

项目	耗时/h	仪器设备功率/kW	所用试剂消耗（×40 次）
全铁含量	34	电子天平：0.1 马弗炉：5 通风柜：2.5 加热板：2.5 电炉：1 空调：5 烘箱：1.5	铁矿石标样 0.5g，盐酸 120mL，硫酸 15mL，氯化亚锡 6g，磷酸 30 mL，氢氟酸 20mL，焦硫酸钾 10g，重铬酸钾（0.01667mol/L）200mL，二苯胺磺酸钠 0.2g，三氯化钛 5mL，高锰酸钾 5g，靛红 1g，纯铁标样 1g
X 射线荧光光谱分析 SiO$_2$、Al$_2$O$_3$、P	34	X 射线荧光光谱仪：4 可控硅电热熔融机：9 天平：0.1 空调：5 烘箱：1.5	四硼酸锂 10g，碘化铵 0.1g，硝酸锂 0.1g，盐酸 100mL，溴化锂 0.1g，P10 气体 1L
水分	34	天平：0.1 空调：2 烘箱：10	
粒度	34	机械筛分机：1.5 天平：0.1	
人工智能法	5	计算机：0.2	

8.2.3.3　输出产品的分析

实验室最终输出产品为证书报告，其载体为纸产品，当纸产品所载的内容完成使用目的后就要被处置。纸产品的最终处置大致分为 3 种方式：回收利用、焚烧和填埋。最终的降解，由于废纸不能立即分解，因填埋产生延迟排放。该部分延迟排放量可通过未降解的碳与 CO_2-C（44/12）转化系数计算得到。1t 纸产品，含水量 7%，碳含量 46%，可降解有机碳 44%。在设定的评价期内，填埋后可降解有机碳中 60%，则因填埋产生的延迟排放量为：$1000 \times (1 - 0.07) \times 0.44 \times (1 - 0.6) \times 44/12 = 600.16(kg\ CO_2)$。一次实验所产生的纸产品量约 3500g，则二氧化碳排放为 11550g[53]。

8.2.3.4　评价

清单分析的第一步（8.2.3.1）、第三步（8.2.3.3）在实验室整个取制样活动中减排是固定的，只有第二步（8.2.3.2）可以选择低排的方法。总体上说，物理方法要比化学方法优越，因为物理方法不需要化学试剂，而人工智能与物理方法中的粒度法结合方法更加优越，利用在线检测的便利，它仅仅使用了一台计算机的耗电，没有过多的人力资源消耗、能源消耗、化学物质的排放。由于确认速度的提高，港口方提升了生产效率，口岸检测方也节省了大量资源。

8.2.3.5 成效分析及其结果解释

A 传统方法的弊端

由于新版 ISO 3082 铁矿石取制样标准取消了船舱取样, 而国内大多数港口已经采用机械自动化卸载并实施机械自动化采样。为加快卸载速度, 多数港口采用多台门式卸载机利用一条输送皮带进行卸载, 同时考虑到卸载过程的船体安全, 因此传统的铁矿石品位波动确定方法已经无法结合日常取样工作进行试验。为了满足品位确认标准操作的条件, 港口作业方只得牺牲作业效率来满足口岸质检部门行政执法的条件要求。同时执行 ISO 3084 铁矿石品位波动确认标准, 也使得口岸质检部门投入大量人力、财力。

B 采用人工智能法的节能减排成效

以卸载一交货批 112000t 铁矿石船为例, 计算各种方法的能耗及其减排, 由于基础设施建设及其输出产品的能耗排放为固定值, 因此一次品位波动评估进行的实验仅考虑特征指标的测试所产生的能耗排放, 每项指标测试的能耗为各设备使用电度乘上碳排系数 (1 度电 = 0.997kg CO_2), 全铁含量、SiO_2 或水分含量、Al_2O_3 含量、P 含量、粒度的耗电度分别为 598.1 度、666.4 度、411.4 度、666.4 度、666.4 度、54.4 度。而采用人工智能法耗电则 1 度。

8.3 采用人工智能法对港口效益增长的成效

8.3.1 宁波港北仑矿石码头介绍

宁波港地处我国大陆海岸线中部, 南北和长江 "T" 型结构的交汇点上, 地理位置适中, 是中国大陆著名的深水良港。宁波港自然条件得天独厚, 内外辐射便捷。向外直接面向东亚及整个环太平洋地区。宁波港水深流顺风浪小。进港航道水深在 18.2m 以上, 25 万~30 万吨船舶可候潮进出港。可开发的深水岸线达 120km 以上。宁波港由北仑港区、镇海港区、甬江港区、大榭港区、穿山港区、梅山港区、象山港区、石浦港区组成, 是一个集内河港、河口港和海港于一体的多功能、综合性的现代化深水大港。现有生产性泊位 298 座, 其中万吨级以上深水泊位 67 座, 是中国大陆大型和特大型深水泊位最多的港口。宁波港已与世界上 100 多个国家和地区的 600 多个港口通航。2008 年, 宁波港全港货物吞吐量完成 3.62 亿吨, 继续保持国内第二位; 集装箱吞吐量完成 1084.6 万标准箱, 继续保持国内第四位, 跃居世界第八位。宁波港北仑矿石码头是北仑港最早建设的矿石中转码头, 原为上海宝钢配套, 现拥有 10 万吨级、20 万吨级泊位各一个, 水深 12.5~20.5m, 2.5 万吨级装船泊位 4 个, 300 万吨堆场一座, 在 2003 年之前一直为吞吐量全国第一。由于我国钢铁工业的飞速发展, 目前前来北仑港卸载中转的铁矿石应接不暇, 铁矿船压港严重。

8.3.2 对港口 GDP 增长的贡献

8.3.2.1 GDP 的定义

国内生产总值（gross domestic product，简称 GDP）是指在一定时间内，一个国家或地区的经济中所生产出的全部最终产品和劳务的价值，常被公认为衡量国家（地区）经济状况的最佳指标。

8.3.2.2 创造的 GDP 增长

2012 年度宁波港（单位：人民币 千元）营业总收入 7802196，营业利润 2676572，总资产 36078448。北仑矿石公司营业总收入 12 亿元、利润 5.9 亿元，卸载铁矿石 4700 万吨，装载 3900 万吨。以北仑港矿石码头为例，目前北仑港铁矿石卸载时效 3300t，粉矿卸载费 23.5 元/t，块矿与球团矿为 26.4 元/t，如果采用传统品位波动评估方法则卸载时效要降低到 2000t，如果采用人工智能法卸载时效可恢复正常。按每月 2 次试验，每次时长 34h，如采用人工智能法可平均为港口产生经济效益 2.65 千万元/年。另外，目前一条 12 万吨级铁矿船的滞港费约 1 万 USD/天、速遣费为 0.5 万 USD/天，标准卸载期为 4 天，北仑港正常卸货 1.5 天，采用传统品位评价法时则需要 2.5 天，则货主可增加 76 万元/年的速遣费收入。同时也可避免因船压港而产生的滞港费损失，因此其间接经济效益也相当可观。

附录 1   利用 Microsoft VB 数据提取例程

1. 建立数据库
例：

```
Private Sub Command1_Click( )
Dim wrkDefault As Workspace
Dim dbsNew As Database
Dim tdfNew As TableDef
Dim NewDB As Database
If Dir(" D:\NewDB. mdb") < > " " Then Kill " D:\NewDB. mdb"
    '{取当前目录的话去掉路径: If Dir (" NewDB. mdb" ) < > " " Then Kill "
NewDB. mdb" )}
Set wrkDefault = DBEngine. Workspaces(0)
Set dbsNew = wrkDefault. CreateDatabase(" d:\NewDB. mdb" , dbLangGeneral, dbEncrypt)
    '{取当前目录的话去掉路径: Set dbsNew = wrkDefault. CreateDatabase(" NewDB. mdb" ,
dbLangGeneral, dbEncrypt)}

dbsNew. NewPassword " " , " 123" '设置数据库密码为123

Set wrkDefault = Nothing
Set dbsNew = Nothing
End Sub
```

2. 数据库查询
例：

```
Private Sub Command3_Click( )
Dim a As Integer
Dim b As String '报检号
a = Val(Text1. Text)
b = Text4. Text
Dim conn As ADODB. Connection
Dim rs As New ADODB. Recordset
Set conn = New ADODB. Connection
Set rs = New ADODB. Recordset
```

'数据库放在程序目录下

conn. ConnectionString ＝ " Provider ＝ Microsoft. Jet. OLEDB. 4. 0；Data Source ＝ " & App. Path & " \

数据库. mdb "

conn. Open

rs. CursorLocation ＝ adUseClient

sqlstr ＝ " select ∗ from 总表 where 年度 ＝ " & a & " and 报检号 ＝ ' " & b & " ' "

rs. Open sqlstr , conn, adOpenStatic, adLockOptimistic

Set DataGrid1. DataSource ＝ rs

End Sub

3. vb. net 进行连接 Access 的方法

例：

Dim conn As New OleDbConnection(" Provider ＝ Microsoft. Jet. OLEDB. 4. 0；Data Source ＝ " _

& " D：\web\clgl\db1. mdb；User Id ＝ admin；Password ＝ ；")

Dim re As New DataSet

Dim a As OleDb. OleDbDataAdapter ＝ New OleDb. OleDbDataAdapter(" select top 1 ∗ from ipji-

lu" , conn)

conn. Open( )

Dim b As New OleDb. OleDbCommandBuilder

b. DataAdapter ＝ a

a. Fill(re, " b")

'（访问统计库中增加一行）写入出访 IP 及时间

Dim bxrow As DataRow

bxrow ＝ re. Tables(" b"). NewRow

bxrow(" ip") ＝ Request. ServerVariables(" REMOTE_ADDR")

bxrow(" shijian") ＝ Date. Now. Now. ToString

re. Tables(" b"). Rows. Add(bxrow)

a. Update(re, " b")

conn. Close( )

'以上增加了一行数据

'读

Dim re As New DataSet

Dim a As OleDb. OleDbDataAdapter ＝ New OleDb. OleDbDataAdapter(" select top 1 ∗ from ipji-

lu" , conn)

conn. Open( )

Dim b As New OleDb. OleDbCommandBuilder

```
b. DataAdapter = a
a. Fill(re, " b" )
Return re. Tables(" b" ). row(0)(0). tostring
```

4. vb. net 连接 sql server

例：

```
Public Conn As New SqlClient. SqlConnection '数据库
Connstr = " data source = 192. 0. 0. 1;initial catalog = 数据库名;user id = sa;password = ;"
Conn. ConnectionString = Connstr
'读数据,指定一个 sql 的语句,返回一个 DataTable
Public Function GetDataTable( ByVal sqls As String) As DataTable
If Conn. State = 0 Then
Conn. Open( )
End If
Dim bxcmd As SqlClient. SqlDataAdapter = New SqlClient. SqlDataAdapter( sqls, Conn)
Dim bxre As New DataSet
bxcmd. Fill( bxre, " b" )
Return bxre. Tables(" b" )
End Function
Public strSQLServer As String 'SQL 服务器地址
Public strSQLUser As String 'SQL 用户名
Public strSQLPW As String 'SQL 密码
Public strSQLDB As String 'SQL 数据库
Public cnMain As New ADODB. Connection '主连接
'连接 SQL 服务器
Public Function sqlConnect( ByVal cnThis As ADODB. Connection, ByVal strServer As String, ByVal
strUser As String, ByVal strPass As String, Optional ByVal strDataBase As String = " " )
Dim strSQL As String
'生成连接字符串
strSQL = " provider = sqloledb;server = " & strServer & " ;user id = " & strUser & " ;password = " &
strPass
If strDataBase < > " " Then strSQL = strSQL & " ;database = " & strDataBase '如果需要连接到数据
库
cnThis. Open strSQL
End Function
'读取 SQL 服务器配置信息
Public Sub readServer( )
On Error GoTo aaaa
```

```
Dim strTmp As String, strT( ) As String
Open GetApp & " Files\sql. inf" For Input As #1
If EOF(1) = False Then Line Input #1, strTmp
Close #1
strTmp = Trim(strTmp)
If strTmp < > " " Then
strT = Split(strTmp, "||")
For i = 0 To 3
strT(i) = strT(i)
Next
strSQLServer = strT(0)
strSQLUser = strT(1)
strSQLPW = strT(2)
strSQLDB = strT(3)
End If
Exit Sub
aaaa:
strSQLServer = " "
strSQLUser = " "
strSQLPW = " "
strSQLDB = " "
End Sub
'保存 SQL 服务器配置信息
Public Sub SaveServer( ByVal strServer As String, ByVal strUser As String, ByVal strPass As String,
ByVal strDataBase)
On Error GoTo aaaa
Open GetApp & " Files\sql. inf" For Output As #1
Print #1, strServer & "||" & strUser & "||" & strPass & "||" & strDataBase
Close #1
Exit Sub
aaaa:
MsgBox " 保存 SQL 服务器信息失败!", vbCritical
End Sub
Private Sub cmdExit_Click( )
Unload Me
End Sub
Private Sub cmdOK_Click( )
On Error GoTo aaaa
If txtServer. Text = " " Then
```

```
MsgBox " 必须填写 SQL 服务器名称或 IP 地址。", vbInformation
txtServer. SetFocus
Exit Sub
End If
If txtUser. Text = " " Then
MsgBox " 必须填写 SQL 服务器的用户名。", vbInformation
txtUser. SetFocus
Exit Sub
End If
If txtDB. Text = " " Then
MsgBox " 必须填写数据库的名称。", vbInformation
txtDB. SetFocus
Exit Sub
End If
lbCT. Visible = True
DoEvents
Dim cnTest As New ADODB. Connection
sqlConnect cnTest, txtServer. Text, txtUser. Text, txtPW. Text, txtDB. Text
MsgBox " 连接 " & txtServer. Text & " 成功!", vbInformation
cnTest. Close
SaveServer txtServer. Text, txtUser. Text, txtPW. Text, txtDB. Text
readServer
Unload Me
Exit Sub
aaaa:
MsgBox Err. Description, vbCritical
lbCT. Visible = False
End Sub
```

附录 2　程序接口相关例程

1. 用 C 语言编制 Matlab 应用程序接口，即建立一个加载到 Matlab 的 MAT 文件

例:

```
/ *
 * MAT – file creation program
 *
 * See the MATLAB API Guide for compiling information.
 *
 * Calling syntax:
 *
 *    matcreat
 *
 * Create a MAT-file which can be loaded into MATLAB.
 *
 * This program demonstrates the use of the following functions:
 *
 *    matClose
 *    matGetVariable
 *    matOpen
 *    matPutVariable
 *    matPutVariableAsGlobal
 *
 * Copyright 1984 – 2000 The MathWorks, Inc.
 *   $ Revision: 1. 13 $
 * /
#include  < stdio. h >
#include  < string. h >  / *  For strcmp( )  * /
#include  < stdlib. h >  / *  For EXIT_FAILURE, EXIT_SUCCESS  * /
#include  " mat. h"

#define BUFSIZE 256

int main( )  {
```

```
MATFile * pmat;
mxArray * pa1, * pa2, * pa3;
double data[9] = { 1.0, 4.0, 7.0, 2.0, 5.0, 8.0, 3.0, 6.0, 9.0 };
const char * file = " mattest. mat";
char str[BUFSIZE];
int status;

printf(" Creating file % s... \n\n", file);
pmat = matOpen(file, " w");
if (pmat = = NULL) {
  printf (" Error creating file % s\n", file);
  printf (" (Do you have write permission in this directory?) \n");
  return(EXIT_FAILURE);
}


pa1 = mxCreateDoubleMatrix(3,3,mxREAL);
if (pa1 = = NULL) {
  printf(" % s : Out of memory on line % d\n", __FILE__,
          __LINE__);
  printf(" Unable to create mxArray. \n");
  return(EXIT_FAILURE);
}


pa2 = mxCreateDoubleMatrix(3,3,mxREAL);
if (pa2 = = NULL) {
  printf (" % s : Out of memory on line % d\n", __FILE__,
          __LINE__);
  printf(" Unable to create mxArray. \n");
  return(EXIT_FAILURE);
}
memcpy((void * )(mxGetPr(pa2)), (void * )data, sizeof(data));

pa3 = mxCreateString(" MATLAB: the language of technical
                        computing");
if (pa3 = = NULL) {
  printf (" % s :  Out of memory on line % d\n", __FILE__,
          __LINE__);
  printf (" Unable to create string mxArray. \n");
  return(EXIT_FAILURE);
```

```
}

status = matPutVariable( pmat, " LocalDouble" , pa1 ) ;
if ( status ! = 0 ) {
  printf ( " % s :  Error using matPutVariable on line % d\n" ,
          __FILE__ , __LINE__ ) ;
  return ( EXIT_FAILURE ) ;
}


status = matPutVariableAsGlobal( pmat, " GlobalDouble" , pa2 ) ;
if ( status ! = 0 ) {
  printf ( " Error using matPutVariableAsGlobal\n" ) ;
  return ( EXIT_FAILURE ) ;
}


status = matPutVariable( pmat, " LocalString" , pa3 ) ;
if ( status ! = 0 ) {
  printf ( " % s :  Error using matPutVariable on line % d\n" ,
          __FILE__ , __LINE__ ) ;
  return( EXIT_FAILURE ) ;
}


/ *
  * Ooops! we need to copy data before writing the array.  ( Well,
  * ok, this was really intentional. ) This demonstrates that
  * matPutVariable will overwrite an existing array in a MAT – file.
  * /
memcpy( ( void  * )( mxGetPr( pa1 ) ), ( void  * )data, sizeof( data ) ) ;
status = matPutVariable( pmat, " LocalDouble" , pa1 ) ;
if ( status ! = 0 ) {
  printf( " % s :  Error using matPutVariable on line % d\n" ,
          __FILE__ , __LINE__ ) ;
  return( EXIT_FAILURE ) ;
}


/ * Clean up. * /
mxDestroyArray ( pa1 ) ;
mxDestroyArray ( pa2 ) ;
mxDestroyArray ( pa3 ) ;
```

```
if (matClose (pmat) ! = 0) {
  printf (" Error closing file % s\n" ,file);
  return (EXIT_FAILURE);
}


/ * Re-open file and verify its contents with matGetVariable. */
pmat = matOpen(file, " r" );
if (pmat = = NULL) {
  printf (" Error reopening file % s\n" , file);
  return (EXIT_FAILURE);
}


/ * Read in each array we just wrote. */
pa1 = matGetVariable(pmat, " LocalDouble");
if (pa1 = = NULL) {
  printf (" Error reading existing matrix LocalDouble\n" );
  return (EXIT_FAILURE);
}
if (mxGetNumberOfDimensions(pa1) ! = 2) {
  printf (" Error saving matrix: result does not have two
          dimensions\n" );
  return (EXIT_FAILURE);
}


pa2 = matGetVariable(pmat, " GlobalDouble");
if (pa2 = = NULL) {
  printf (" Error reading existing matrix GlobalDouble\n" );
  return (EXIT_FAILURE);
}
if ( ! (mxIsFromGlobalWS(pa2))) {
  printf (" Error saving global matrix: result is not global\n" );
  return (EXIT_FAILURE);
}


pa3 = matGetVariable(pmat, " LocalString");
if (pa3 = = NULL) {
  printf (" Error reading existing matrix LocalString\n" );
  return (EXIT_FAILURE);
```

```
}

status = mxGetString( pa3, str, sizeof( str) ) ;
if ( status ! = 0) {
  printf ( " Not enough space. String is truncated. " ) ;
  return ( EXIT_FAILURE) ;
}
if ( strcmp( str, " MATLAB: the language of technical
        computing" ) ) {
  printf ( " Error saving string: result has incorrect
        contents\n" ) ;
  return ( EXIT_FAILURE) ;
}

/ * Clean up before exit. */
mxDestroyArray( pa1 ) ;
mxDestroyArray( pa2) ;
mxDestroyArray( pa3) ;

if ( matClose( pmat) ! = 0) {
  printf ( " Error closing file % s\n" ,file) ;
  return ( EXIT_FAILURE) ;
}
printf ( " Done\n" ) ;
return ( EXIT_SUCCESS) ;
}
```

2. 用 C 语言读取和验证 MAT 文件
例:

```
/ *
 * MAT – file diagnose program
 *
 * Calling syntax:
 *
 *     matdgns  < matfile. mat >
 *
 * It diagnoses the MAT – file named  < matfile. mat >.
 *
 * This program demonstrates the use of the following functions:
```

```
*
*    matClose
*    matGetDir
*    matGetNextVariable
*    matGetNextVariableInfo
*    matOpen
*
*    Copyright ( c ) 1984 – 2000 The MathWorks, Inc.
*      $Revision: 1. 8 $
* /


#include < stdio. h >
#include < stdlib. h >
#include " mat. h"

int diagnose( const char * file) {
  MATFile * pmat;
  char * * dir;
  const char * name;
  int ndir;
  int i;
  mxArray * pa;

  printf(" Reading file % s. . . \n\n" , file);

  / * Open file to get directory.  * /
  pmat = matOpen( file, " r" );
  if ( pmat = = NULL) {
    printf(" Error opening file % s\n" , file);
    return( 1);
  }


  / * Get directory of MAT – file.  * /
  dir = matGetDir( pmat, &ndir);
  if ( dir = = NULL) {
    printf(" Error reading directory of file % s\n" , file);
    return( 1);
  } else {
    printf(" Directory of % s: \n" , file);
```

```
    for (i = 0; i < ndir; i++)
    printf(" %s\n" , dir[i]);
}
mxFree(dir);

/* In order to use matGetNextXXX correctly, reopen file to
   read in headers.  */
if (matClose(pmat) != 0) {
  printf(" Error closing file %s\n" ,file);
  return(1);
}
pmat = matOpen(file, " r" );
if (pmat == NULL) {
  printf(" Error reopening file %s\n" , file);
  return(1);
}


/* Get headers of all variables.  */
printf (" \nExamining the header for each variable:\n" );
for (i = 0; i < ndir; i++) {
  pa = matGetNextVariableInfo(pmat, &name);
  if (pa == NULL) {
    printf(" Error reading in file %s\n" , file);
    return(1);
  }
  /* Diagnose header pa.  */
  printf (" According to its header, array %s has %d dimensions\n" ,
        name, mxGetNumberOfDimensions(pa));
  if (mxIsFromGlobalWS(pa))
    printf (" and was a global variable when saved\n" );
  else
    printf (" and was a local variable when saved\n" );
  mxDestroyArray(pa);
}


/* Reopen file to read in actual arrays.  */
if (matClose(pmat) != 0) {
  printf (" Error closing file %s\n" ,file);
  return (1);
}
```

```c
  pmat = matOpen( file, " r" );
  if ( pmat = = NULL) {
    printf (" Error reopening file % s\n" , file);
    return (1);
  }


  /* Read in each array. */
  printf (" \nReading in the actual array contents:\n" );
  for ( i = 0; i < ndir; i ++ ) {
    pa = matGetNextVariable ( pmat, &name);
    if ( pa = = NULL) {
      printf (" Error reading in file % s\n" , file);
      return(1);
    }
    /*
     * Diagnose array pa
     */
    printf (" According to its contents, array % s has % d
            dimensions\n" , name, mxGetNumberOfDimensions( pa));
    if ( mxIsFromGlobalWS( pa))
      printf ("    and was a global variable when saved\n" );
    else
      printf ("    and was a local variable when saved\n" );
    mxDestroyArray( pa);
  }


  if ( matClose( pmat) ! = 0) {
    printf (" Error closing file % s\n" ,file);
    return(1);
  }
  printf (" Done\n" );
  return (0);
}


int main ( int argc, char * * argv)
{
  int result;


  if ( argc > 1)
```

```
        result = diagnose( argv[1] );
    else {
        result = 0;
        printf ( " Usage: matdgns  < matfile >" );
        printf ( " where  < matfile >  is the name of the MAT – file" );
        printf ( " to be diagnosed \n" );
    }
    return ( result = =0 )  ? EXIT_SUCCESS : EXIT_FAILURE;
}
```

附录 3　　C 语言编写 MEX 文件

例：

```c
/* ===========================================================
 * The main routine analyzes all incoming ( right - hand side) arguments
 *
 * Copyright 1984 - 2001 The MathWorks, Inc.
 *  $ Revision: 1.14.4.1 $
 *
 * ===========================================================
= */
#include < stdio. h >
#include < string. h >
#include " mex. h"


void        display_subscript( const mxArray * array_ptr, int index) ;
void        get_characteristics( const mxArray  * array_ptr) ;
mxClassID   analyze_class( const mxArray * array_ptr) ;

/* Pass analyze_cell a pointer to a cell mxArray.   Each element
   in a cell mxArray is called a " cell" ; each cell holds zero
   or one mxArray.   analyze_cell accesses each cell and displays
   information about it.  */
static void
analyze_cell( const mxArray * cell_array_ptr)
{
   int        total_num_of_cells;
   int        index;
   const mxArray * cell_element_ptr;

   total_num_of_cells = mxGetNumberOfElements( cell_array_ptr) ;
   mexPrintf(" total num of cells = % d\n" , total_num_of_cells) ;
   mexPrintf(" \n" ) ;
```

```
/ * Each cell mxArray contains m – by – n cells; Each of these cells
    is an mxArray. * /
for ( index = 0 ; index < total_num_of_cells ; index ++ )    {
    mexPrintf ( " \n\n\t\tCell Element: " ) ;
    display_subscript ( cell_array_ptr, index ) ;
    mexPrintf ( " \n" ) ;
    cell_element_ptr = mxGetCell( cell_array_ptr, index ) ;
    if ( cell_element_ptr == NULL)
        mexPrintf(" \tEmpty Cell\n" ) ;
    else {
        / * Display a top banner. * /
        mexPrint f ("-------------------------------------------------\n" ) ;
        get_characteristics( cell_element_ptr) ;
        analyze_class( cell_element_ptr) ;
        mexPrintf ( " \n" ) ;
    }
}
mexPrintf ( " \n" ) ;
}


/ * Pass analyze_structure a pointer to a structure mxArray.    Each element
    in a structure mxArray holds one or more fields; each field holds zero
    or one mxArray.    analyze_structure accesses every field of every
    element and displays information about it. * /
static void
analyze_structure( const mxArray * structure_array_ptr)
{
    int             total_num_of_elements, number_of_fields, index, field_index;
    const char    * field_name;
    const mxArray      * field_array_ptr;

    mexPrintf(" \n" ) ;
    total_num_of_elements = mxGetNumberOfElements( structure_array_ptr) ;
    number_of_fields = mxGetNumberOfFields( structure_array_ptr) ;

    / * Walk through each structure element. * /
    for ( index = 0 ; index < total_num_of_elements ; index ++ )    {

        / * For the given index, walk through each field. * /
```

```
    for (field_index = 0; field_index < number_of_fields; field_index ++ ) {
        mexPrintf( " \n\t\t" );
        display_subscript( structure_array_ptr, index);
            field_name = mxGetFieldNameByNumber( structure_array_ptr,
                                                    field_index);
        mexPrintf( " . % s\n" , field_name);
        field_array_ptr = mxGetFieldByNumber( structure_array_ptr,
                        index,
                        field_index);
        if ( field_array_ptr = = NULL)
        mexPrintf( " \tEmpty Field\n" );
        else {
/ * Display a top banner. * /
mexPrintf( " -----------------------------------------------\n" );
get_characteristics( field_array_ptr );
analyze_class( field_array_ptr );
mexPrintf( " \n" );
    }
}
    mexPrintf( " \n\n" );
}


}

/ * Pass analyze_string a pointer to a char mxArray.  Each element
    in a char mxArray holds one 2-byte character ( an mxChar);
    analyze_string displays the contents of the input char mxArray
    one row at a time.  Since adjoining row elements are NOT stored in
    successive indices, analyze_string has to do a bit of math to
    figure out where the next letter in a string is stored. * /
static void
analyze_string( const mxArray * string_array_ptr)
{
    char * buf;
    int    number_of_dimensions;
    const int    * dims;
    int    buflen, d, page, total_number_of_pages, elements_per_page;
```

```c
/ * Allocate enough memory to hold the converted string.  * /
buflen  = mxGetNumberOfElements( string_array_ptr)  + 1;
buf = mxCalloc( buflen, sizeof( char) ) ;

/ * Copy the string data from string_array_ptr and place it into buf.  * /
if ( mxGetString( string_array_ptr, buf, buflen)  ! = 0)
   mexErrMsgTxt( " Could not convert string data. " ) ;

/ * Get the shape of the input mxArray.  * /
dims = mxGetDimensions( string_array_ptr) ;
number_of_dimensions = mxGetNumberOfDimensions( string_array_ptr) ;

elements_per_page  = dims[ 0]  *  dims[ 1] ;
/ * total_number_of_pages  = dims[ 2]  x dims[ 3]  x … x dims[ N - 1]  * /
total_number_of_pages  = 1;
for ( d = 2;  d < number_of_dimensions;  d ++ )
   total_number_of_pages  *  = dims[ d] ;

for ( page = 0;  page  <  total_number_of_pages;  page ++ )  {
   int row;
   / * On each page, walk through each row.  * /
   for ( row = 0;  row < dims[ 0] ;  row ++ )    {
      int column;
      int index  = ( page  *  elements_per_page)  + row;
      mexPrintf( " \t" ) ;
      display_subscript( string_array_ptr, index) ;
      mexPrintf( " " ) ;

      / * Walk along each column in the current row.  * /
      for ( column = 0;  column < dims[ 1] ;  column ++ )  {
   mexPrintf( " % c" ,buf[ index] ) ;
   index  + = dims[ 0] ;
      }
      mexPrintf( " \n" ) ;

   }

}
}
```

```
/ *  Pass analyze_sparse a pointer to a sparse mxArray.    A sparse mxArray
    only stores its nonzero elements.    The values of the nonzero elements
    are stored in the pr and pi arrays.    The tricky part of analyzing
    sparse mxArray's is figuring out the indices where the nonzero
    elements are stored.    See the mxSetIr and mxSetJc reference pages
    for details.  * /
static void
analyze_sparse( const mxArray  * array_ptr)
{
    double    * pr, * pi;
    int       * ir, * jc;
    int         col, total = 0;
    int         starting_row_index, stopping_row_index, current_row_index;
    int         n;

    / *  Get the starting positions of all four data arrays.  * /
    pr  =  mxGetPr( array_ptr) ;
    pi  =  mxGetPi( array_ptr) ;
    ir  =  mxGetIr( array_ptr) ;
    jc  =  mxGetJc( array_ptr) ;

    / *  Display the nonzero elements of the sparse array.  * /
    n  =  mxGetN( array_ptr) ;
    for ( col = 0; col < n; col ++ )    {
        starting_row_index  =  jc[ col] ;
        stopping_row_index  =  jc[ col + 1] ;
        if ( starting_row_index  = =  stopping_row_index)
            continue;
        else {
            for ( current_row_index  =  starting_row_index;
            current_row_index  <  stopping_row_index;
            current_row_index ++ )    {
        if ( mxIsComplex( array_ptr) )    {
            mexPrintf(" \t( % d,% d)  =  % g + % g i\n" , ir[ current_row_index] + 1 ,
                    col + 1 , pr[ total] , pi[ total ++ ]) ;
        }
        else
            mexPrintf(" \t( % d,% d)  =  % g\n" , ir[ current_row_index] + 1 ,
```

```
                    col + 1, pr[ total ++ ] );
            }
        }
    }
}

static void
analyze_int8( const mxArray  * array_ptr)
{
    signed char     * pr, * pi;
    char      total_num_of_elements, index;

    pr  = ( signed char  * ) mxGetData( array_ptr);
    pi  = ( signed char  * ) mxGetImagData( array_ptr);
    total_num_of_elements  = mxGetNumberOfElements( array_ptr);

    for ( index = 0; index < total_num_of_elements; index ++ )   {
        mexPrintf( " \t" );
        display_subscript( array_ptr, index);
        if ( mxIsComplex( array_ptr))
            mexPrintf( " = % d + % di\n" , * pr ++ , * pi ++ );
        else
            mexPrintf( " = % d\n" , * pr ++ );
    }
}


static void
analyze_uint8( const mxArray  * array_ptr)
{
    unsigned char     * pr, * pi;
    int      total_num_of_elements, index;

    pr  = ( unsigned char  * ) mxGetData( array_ptr);
    pi  = ( unsigned char  * ) mxGetImagData( array_ptr);
    total_num_of_elements  = mxGetNumberOfElements( array_ptr);

    for ( index = 0; index < total_num_of_elements; index ++ )   {
        mexPrintf( " \t" );
        display_subscript( array_ptr, index);
```

```
    if ( mxIsComplex( array_ptr) )
      mexPrintf(" = % u + % ui\n" , * pr ++ , * pi ++ ) ;
    else
      mexPrintf(" = % u\n" , * pr ++ ) ;
  }
}


static void
analyze_int16( const mxArray * array_ptr)
{
  short int      * pr,  * pi;
  short int      total_num_of_elements, index;

  pr = ( short int * )mxGetData( array_ptr) ;
  pi = ( short int * )mxGetImagData( array_ptr) ;
  total_num_of_elements = mxGetNumberOfElements( array_ptr) ;

  for ( index = 0; index < total_num_of_elements; index ++ )   {
    mexPrintf(" \t" ) ;
    display_subscript( array_ptr, index) ;
    if ( mxIsComplex( array_ptr) )
      mexPrintf(" = % d + % di\n" , * pr ++ , * pi ++ ) ;
    else
      mexPrintf(" = % d\n" , * pr ++ ) ;
  }
}


static void
analyze_uint16( const mxArray * array_ptr)
{
  unsigned short int    * pr,  * pi;
  int      total_num_of_elements, index;

  pr = ( unsigned short int * )mxGetData( array_ptr) ;
  pi = ( unsigned short int * )mxGetImagData( array_ptr) ;
  total_num_of_elements = mxGetNumberOfElements( array_ptr) ;

  for ( index = 0; index < total_num_of_elements; index ++ )   {
    mexPrintf(" \t" ) ;
```

```
    display_subscript( array_ptr, index ) ;
    if ( mxIsComplex( array_ptr ) )
      mexPrintf( " = % u + % ui\n" , * pr ++ , * pi ++ ) ;
    else
      mexPrintf( " = % u\n" , * pr ++ ) ;
  }
}


static void
analyze_int32( const mxArray * array_ptr )
{
  int    * pr, * pi;
  int      total_num_of_elements, index;

  pr = ( int * ) mxGetData( array_ptr ) ;
  pi = ( int * ) mxGetImagData( array_ptr ) ;
  total_num_of_elements = mxGetNumberOfElements( array_ptr ) ;

  for ( index = 0; index < total_num_of_elements; index ++ )  {
    mexPrintf( " \t" ) ;
    display_subscript( array_ptr, index ) ;
    if ( mxIsComplex( array_ptr ) )
      mexPrintf( " = % d + % di\n" , * pr ++ , * pi ++ ) ;
    else
      mexPrintf( " = % d\n" , * pr ++ ) ;
  }
}


static void
analyze_uint32( const mxArray * array_ptr )
{
  unsigned int    * pr, * pi;
  int      total_num_of_elements, index;

  pr = ( unsigned int * ) mxGetData( array_ptr ) ;
  pi = ( unsigned int * ) mxGetImagData( array_ptr ) ;
  total_num_of_elements = mxGetNumberOfElements( array_ptr ) ;

  for ( index = 0; index < total_num_of_elements; index ++ )  {
```

```
      mexPrintf(" \t" );
      display_subscript( array_ptr, index);
      if ( mxIsComplex( array_ptr) )
         mexPrintf(" = % u + % ui\n" , * pr ++ , * pi ++ );
      else
         mexPrintf(" = % u\n" , * pr ++ );
   }
}


static void
analyze_single( const mxArray * array_ptr)
{
   float * pr, * pi;
   int      total_num_of_elements, index;

   pr = (float * ) mxGetData( array_ptr);
   pi = (float * ) mxGetImagData( array_ptr);
   total_num_of_elements = mxGetNumberOfElements( array_ptr);

   for ( index = 0; index < total_num_of_elements; index ++ )   {
      mexPrintf(" \t" );
      display_subscript( array_ptr, index);
      if ( mxIsComplex( array_ptr) )
         mexPrintf(" = % g + % gi\n" , * pr ++ , * pi ++ );
      else
         mexPrintf(" = % g\n" , * pr ++ );
   }
}


static void
analyze_double( const mxArray * array_ptr)
{
   double * pr, * pi;
   int        total_num_of_elements, index;

   pr = mxGetPr( array_ptr);
   pi = mxGetPi( array_ptr);
   total_num_of_elements = mxGetNumberOfElements( array_ptr);
```

```
    for ( index = 0; index < total_num_of_elements; index ++ )    {
        mexPrintf( " \t" ) ;
        display_subscript( array_ptr, index ) ;
        if ( mxIsComplex( array_ptr ) )
            mexPrintf( " = % g + % gi\n" , * pr ++ , * pi ++ ) ;
        else
            mexPrintf( " = % g\n" , * pr ++ ) ;
    }
}


/ * Pass analyze_full a pointer to any kind of numeric mxArray.
    analyze_full figures out what kind of numeric mxArray this is.  * /
static void
analyze_full( const mxArray * numeric_array_ptr )
{

    mxClassID    category;

    category = mxGetClassID( numeric_array_ptr ) ;
    switch ( category )    {
        case mxINT8_CLASS:    analyze_int8( numeric_array_ptr ) ;    break;
        case mxUINT8_CLASS:    analyze_uint8( numeric_array_ptr ) ;    break;
        case mxINT16_CLASS:    analyze_int16( numeric_array_ptr ) ;    break;
        case mxUINT16_CLASS: analyze_uint16( numeric_array_ptr ) ; break;
        case mxINT32_CLASS:    analyze_int32( numeric_array_ptr ) ;    break;
        case mxUINT32_CLASS: analyze_uint32( numeric_array_ptr ) ; break;
        case mxSINGLE_CLASS: analyze_single( numeric_array_ptr ) ; break;
        case mxDOUBLE_CLASS: analyze_double( numeric_array_ptr ) ; break;
    }
}


/ * Display the subscript associated with the given index.  * /
void
display_subscript( const mxArray * array_ptr, int index )
{
    int      inner, subindex, total, d, q;
    int      number_of_dimensions;
    int      * subscript;
    const int * dims;
```

```
number_of_dimensions = mxGetNumberOfDimensions(array_ptr);
subscript = mxCalloc(number_of_dimensions, sizeof(int));
dims = mxGetDimensions(array_ptr);

mexPrintf(" (" );
subindex = index;
for (d = number_of_dimensions - 1; d > = 0; d - - )    {

    for (total = 1, inner = 0; inner < d; inner + + )
        total * = dims[inner];

    subscript[d]  = subindex / total;
    subindex = subindex % total;
}


for (q = 0; q < number_of_dimensions - 1; q + + )
    mexPrintf(" % d," , subscript[q]  + 1);
mexPrintf(" % d" , subscript[number_of_dimensions - 1]  + 1);

mxFree(subscript);
}


/ * get_characteristics figures out the size, and category
    of the input array_ptr, and then displays all this information.  * /
void
get_characteristics(const mxArray * array_ptr)
{
    const char      * name;
    const char      * class_name;
    const int       * dims;
            char    * shape_string;
    char        * temp_string;
            int         c;
            int         number_of_dimensions;
            int         length_of_shape_string;

    / * Display the mxArray's Dimensions; for example, 5x7x3.
        If the mxArray's Dimensions are too long to fit, then just
        display the number of dimensions; for example, 12 - D.  * /
```

```c
number_of_dimensions = mxGetNumberOfDimensions(array_ptr);
dims = mxGetDimensions(array_ptr);

/* alloc memory for shape_string w. r. t thrice the number of dimensions */
/* (so that we can also add the 'x')                                    */
shape_string = (char *)mxCalloc(number_of_dimensions * 3, sizeof(char));
shape_string[0] = '\0';
temp_string = (char *)mxCalloc(64, sizeof(char));

for (c = 0; c < number_of_dimensions; c++) {
    sprintf(temp_string, "%dx", dims[c]);
    strcat(shape_string, temp_string);
}

length_of_shape_string = strlen(shape_string);
/* replace the last 'x' with a space */
shape_string[length_of_shape_string - 1] = '\0';
if (length_of_shape_string > 16)
    sprintf(shape_string, "%d-D\0", number_of_dimensions);

mexPrintf("Dimensions: %s\n", shape_string);

/* Display the mxArray's class (category). */
class_name = mxGetClassName(array_ptr);
mexPrintf("Class Name: %s%s\n", class_name,
    mxIsSparse(array_ptr) ? " (sparse)" : "");

/* Display a bottom banner. */
mexPrintf("---------------------------------------------\n");

/* free up memory for shape_string */
mxFree(shape_string);
}

/* Determine the category (class) of the input array_ptr, and then
   branch to the appropriate analysis routine. */
mxClassID
analyze_class(const mxArray *array_ptr)
{
```

```
     mxClassID    category;

     category = mxGetClassID( array_ptr) ;

     if ( mxIsSparse( array_ptr) ) {
   analyze_sparse( array_ptr) ;
   } else {
   switch ( category) {
      case mxCHAR_CLASS:      analyze_string( array_ptr) ;       break;
      case mxSTRUCT_CLASS:    analyze_structure( array_ptr) ;    break;
      case mxCELL_CLASS:      analyze_cell( array_ptr) ;         break;
      case mxUNKNOWN_CLASS: mexWarnMsgTxt( " Unknown class. " ) ; break;
      default:                analyze_full( array_ptr) ;         break;
   }
   }


     return( category) ;
}


/ * mexFunction is the gateway routine for the MEX – file.  * /
void
mexFunction( int nlhs, mxArray * plhs[ ],
            int nrhs, const mxArray * prhs[ ] )
{
   int          i;

/ * Look at each input ( right – hand – side) argument.  * /
   for ( i = 0; i < nrhs; i ++ )   {
     mexPrintf( " \n\n" ) ;
     / * Display a top banner.  * /
     mexPrintf( " ----------------------------------------------\n" ) ;
     / * Display which argument  * /
     mexPrintf( " Name: % s% d% c\n" , " prhs[ " ,i,']') ;

     get_characteristics( prhs[ i] ) ;
     analyze_class( prhs[ i] ) ;
   }
}
```

附录4 C 语言代码源文件 yprime. c 文件，编译和连接 yprime. c 成 MEX 文件

例：

```
/* ================================================
 * YPRIME. C Sample . MEX file corresponding to YPRIME. M
 *            Solves simple 3 body orbit problem
 *
 * The calling syntax is:
 *       [yp] = yprime(t, y)
 *
 *    You may also want to look at the corresponding M-code, yprime. m.
 *
 * This is a MEX-file for MATLAB.
 * Copyright 1984-2000 The MathWorks, Inc.
 * ============================================== */
/* $ Revision: 1. 10 $ */
#include < math. h >
#include " mex. h"


/* Input Arguments */
#define T_IN      prhs[0]
#define Y_IN      prhs[1]

/* Output Arguments */
#define YP_OUT   plhs[0]
#if ! defined(MAX)
#define MAX(A, B)   ((A) > (B) ? (A) : (B))
#endif

#if ! defined(MIN)
#define MIN(A, B)   ((A) < (B) ? (A) : (B))
#endif
```

```
#define PI 3. 14159265

static  double  mu = 1/82. 45;
static  double  mus = 1 - 1/82. 45;

static void yprime(
          double    yp[ ],
          double   * t,
          double    y[ ]
          )
{
    double   r1 ,r2;
    r1 = sqrt((y[0] + mu) * (y[0] + mu)  +  y[2] * y[2]);
    r2 = sqrt((y[0] - mus) * (y[0] - mus)  +  y[2] * y[2]);

    / *  Print warning if dividing by zero.  * /
    if (r1  = = 0.0 || r2  = = 0.0 ){
    mexWarnMsgTxt(" Division by zero! \n" );
    }

    yp[0]  = y[1];
    yp[1]  = 2 * y[3] + y[0] - mus * (y[0] + mu)/(r1 * r1 * r1) - mu * (y[0] - mus)/(r2 * r2 * r2);
    yp[2]  = y[3];
    yp[3]  = -2 * y[1]  +  y[2]  -  mus * y[2]/(r1 * r1 * r1)  -  mu * y[2]/(r2 * r2 * r2);
    return;
}

void mexFunction( int nlhs, mxArray  * plhs[ ],
          int nrhs, const mxArray * prhs[ ] )
{
    double * yp;
    double * t, * y;
    unsigned int m,n;

    / *  Check for proper number of arguments  * /

    if (nrhs !  = 2) {
    mexErrMsgTxt(" Two input arguments required. " );
    }
```

```
else if ( nlhs > 1 ) {
    mexErrMsgTxt( " Too many output arguments. " ) ;
}

/ * Check the dimensions of Y.　Y can be 4 X 1 or 1 X 4. */

m = mxGetM( Y_IN) ;
n = mxGetN( Y_IN) ;
if ( ! mxIsDouble( Y_IN) || mxIsComplex( Y_IN) ||
(MAX(m,n) ! = 4) || (MIN(m,n) ! = 1)) {
mexErrMsgTxt( " YPRIME requires that Y be a 4 x 1 vector. " ) ;
}

/ * Create a matrix for the return argument */
YP_OUT = mxCreateDoubleMatrix( m, n, mxREAL) ;

/ * Assign pointers to the various parameters */
yp = mxGetPr( YP_OUT) ;

t = mxGetPr( T_IN) ;
y = mxGetPr( Y_IN) ;

/ * Do the actual computations in a subroutine */
yprime( yp,t,y) ;
return;
}
```

附录5 采样测试数据范例

粒级	产地	序号	数据点数	d_1 阈值	d_2 阈值	d_3 阈值	d_4 阈值	品位
+6.3mm	力拓粉	1	24	2.882	2.882	2.882	2.882	大
		2	25	1.662	2.239	0.753	2.311	中
		3	25	1.591	0.995	1.367	2.873	中
		4	18	1.691	1.820	2.447	0.234	中
		5	25	2.873	2.873	2.873	2.873	大
		6	25	2.211	2.873	2.873	2.873	大
		7	13	0.99	0.337	1.162		小
		8	25	2.873	2.873	2.873	2.873	大
		9	25	2.873	2.063	2.708	2.873	大
		10	24	2.172	2.809	2.862	2.716	大
		11	24	2.862	2.862	2.862	2.862	大
		12	25	1.109	0.591	1.774	0.919	中
		13	25	1.108	1.011	0.394	1.025	中
	澳粉	1	13	0.673	1.073	0.56		小
		2	8	0.936	0.167	0.568		小
		3	17	0.614	0.651	0.42	0.63	小
		4	25	0.661	0.331	0.967	0.366	小
		5	19	1.567	1.137	0.440	0.249	中
		6	25	0.941	1.014	2.873	2.873	小
		7	19	1.567	1.137	0.44	0.249	中
		8	25	0.941	1.014	2.873	2.873	小
	澳哈粉	1	13	2.707	2.707	2.707		大
		2	25	2.873	2.873	2.873	2.873	大
+9.5mm	力拓粉	1	25	2.38	1.126	0.946	2.384	大
		2	14	1.029	1.286	0.795		中
		3	25	2.767	2.26	2.293	2.042	大
		4	25	1.312	1.04	1.297	1.356	中
		5	13	2.707	2.707	2.707		大
	澳哈粉	1	18	2.831	2.831	2.831	2.831	大
		2	19	0.736	1.441	1.201	2.837	小
		3	24	1.56	0.99	1.022	0.512	中
		4	24	0.908	1.368	1.4	0.943	小
		5	25	2.207	1.215	0.727	1.709	大

续附录 5

粒级	产地	序号	数据点数	d_1 阈值	d_2 阈值	d_3 阈值	d_4 阈值	品位
+8mm	澳粉	1	25	0.818	1.252	1.491	0.813	小
		2	25	0.423	0.393	0.754	0.959	小
		3	25	0.73	0.931	0.919	0.759	小
		4	14	0.346	0.419	0.265		小
		5	16	2.769	2.119	0.616	2.818	大
		6	23	0.268	0.296	0.196	0.582	小
		7	25	0.284	0.268	0.266	0.18	小
		8	21	0.725	0.264	0.467	1.063	小
		9	24	0.331	0.338	0.313	0.364	小
		10	10	1.832	0.081	0.854		中
		11	25	1.464	2.54	0.643	1.053	中
		12	24	2.201	2.727	2.233	1.937	大
		13	25	2.201	2.727	2.278	1.489	大
		14	18	0.574	1.412	2.794	1.003	小
		15	23	0.304	0.481	0.445	0.898	小
		16	24	0.516	0.473	0.3	1.004	小
		17	13	0.673	1.073	0.673		小
	澳哈粉	1	15	0.355	0.114	0.113		小
		2	25	0.573	1.475	0.445	0.54	小
		3	13	1.008	1.044	1.466		中
		4	25	0.552	0.561	0.347	0.12	小
		5	6	0.174	0.124			小
		6	25	0.33	0.27	0.118	0.247	小
		7	24	0.453	0.23	0.231	0.382	小
		8	25	0.23	0.503	0.284	0.285	小
		9	10	0.313	0.168	0.235		小
		10	24	2.862	1.268	1	2.862	大
		11	22	1.647	0.322	0.664	0.222	中
		12	24	0.708	0.638	0.764	0.545	小
		13	24	0.0806	0.702	0.714	0.643	小
		14	25	0.886	0.725	0.365	0.552	小

附录 6　采样测试数据小波分解后相关参数范例

粒级	产地	序号	Mean	Meadian	Mean	Max	Min	Range	S. dev.	Meadian Abs. dev.	Mean Abs. dev.	Lil norm	l2 norm	Max norm
+8mm	澳粉	1	0.03993	-0.05685	-0.8599	1.25	-0.8812	2.132	0.615	0.4318	0.5085	12.44	3.02	1.25
		2	0.00754	0.006809	0.1204	0.7115	-0.7031	1.442	0.3574	0.2111	0.2772	6.935	1.751	0.7301
		3	-0.01229	0.0569	-0.6518	0.6518	-0.8818	1.534	0.4256	0.2704	0.3377	8.031	2.042	0.8818
		4	0.005516	0.0773	0.0887	0.3636	-0.4218	0.7853	0.2416	0.07039	0.1809	2.566	0.8712	0.4218
		5	-0.2532	-0.6701	-0.9706	2.591	-1.806	4.371	1.21	0.7129	0.9515	16.2	4.796	2.591
		6	0.002591	-0.01131	-0.01131	0.3215	-0.311	0.6325	0.1813	0.07081	0.1379	3.154	0.8506	0.3215
		7	-0.003504	-0.01993	-0.02414	0.2765	-0.311	0.6135	0.154	0.1235	0.1304	3.263	0.7545	0.337
		8	-0.01979	0.00752	0.01815	0.7182	-0.6544	1.373	0.348	0.1983	0.2664	5.575	1.559	0.7182
		9	-0.005136	-0.05707	-0.1154	0.3706	0.3771	0.7477	0.1917	0.1318	0.1556	3.893	0.9391	0.3771
		10	0.1059	0.3398	-1.253	1.125	-1.277	2.403	0.6842	0.4312	0.5474	5.685	2.08	1.277
		11	-0.02801	-0.22	-0.2394	3.385	-0.6874	4.072	0.7952	0.2339	0.4349	11.12	3.898	3.385
		12	0.02611	-0.2563	0.03041	3.984	-0.7793	4.763	1.061	0.2754	0.6223	15.3	5.2	3.984
		13	0.02611	-0.2563	0.03041	3.984	0.7793	4.763	1.061	0.2759	0.6223	15.3	5.2	3.984
		14	-0.05383	-0.04006	-0.3438	1.237	-1.355	2.592	0.5909	0.2747	0.415	7.649	2.447	1.355
		15	0.002329	0.04283	0.06858	0.499	-0.6046	1.104	0.2461	0.1461	0.19	4.756	1.206	0.6046
		16	0.04278	0.04558	-0.1111	0.655	-0.4883	1.143	0.3067	0.2081	0.247	6.218	1.518	0.655
		17	0.03034	0.09477	0.237	0.9712	-0.7361	1.707	0.4371	0.1807	0.3098	4.118	1.518	0.9712

续附录 6

粒级	产地	序号	Mean	Meadian	Mean	Max	Min	Range	S. dev.	Meadian Abs. dev.	Mean Abs. dev.	Li1 norm	L2 norm	Max norm
+8mm	哈粉	1	0.001062	0.04817	-0.2051	0.2571	-0.2511	0.5108	0.1804	0.1753	0.1591	2.39	0.675	0.2597
		2	-0.01787	-0.08268	-0.1172	1.176	-0.5034	1.679	0.3617	0.2722	0.2649	6.711	1.774	1.176
		3	0.02578	0.0723	-1.378	0.7408	-1.399	2.14	0.6401	0.453	0.4933	6.49	2.219	1.399
		4	0.007682	-0.02587	-0.2181	0.5281	-0.4668	0.9948	0.2558	0.176	0.2027	5.044	1.254	0.5281
		5	0.009333	0.01899	-0.1749	0.2096	-0.1788	0.3883	0.1276	0.05116	0.08499	0.5286	0.2863	0.2096
		6	0.009441	0.03156	-0.234	0.3365	-0.2516	0.5882	0.1581	0.1095	0.1291	3.257	0.7761	0.3365
		7	-0.005867	-0.02264	-0.02964	0.4241	-0.4009	0.825	0.1735	0.09966	0.1248	3.138	0.8506	0.4241
		8	0.01108	-0.02109	-0.05128	0.6439	-0.283	0.927	0.1894	0.09799	0.1334	3.267	0.9295	0.6439
		9	0.009407	-0.03664	-0.1954	0.2755	-0.2001	0.4756	0.1597	0.1183	0.1338	1.319	0.4799	0.2755
		10	-0.008295	-0.02697	0.3542	4.57	-1.051	5.622	1.068	0.3488	0.5586	13.97	5.231	4.57
		11	-0.007953	-0.0618	-0.143	0.9048	-1.072	1.977	0.3899	0.2133	0.2797	6.202	1.787	1.072
		12	0.001897	0.1065	0.1177	0.727	-0.759	1.486	0.3759	0.2517	0.303	7.58	1.842	0.759
		13	-0.01105	-0.07934	-0.0992	0.7732	-0.813	1.586	0.4489	0.342	0.376	9.069	2.154	0.813
		14	-0.0161	0.05746	0.06675	0.7344	-0.9774	1.712	0.4147	0.2281	0.3154	7.793	2.033	0.9774
+6.3mm	力拓粉	1	-0.1432	-0.3661	0.1076	4.923	-4.519	9.441	2.474	1.313	1.894	45.74	11.89	4.923
		2	0.1208	0.06017	-0.01919	2.357	-1.538	3.895	1.005	0.7241	0.7908	19.77	4.962	2.357
		3	-0.0573	0.1929	-1.314	1.558	-2.078	3.636	0.8993	0.6178	0.7363	18.18	4.415	2.078
		4	-0.3002	-0.2956	-0.6957	1.383	-1.317	2.7	0.8006	0.39	0.6781	12.27	3.303	1.383
		5	0.07606	-0.3412	-0.5523	7.285	-3.753	11.04	2.755	1.774	2.12	52.81	13.5	7.285
		6	0.06712	0.08889	-1.836	4.634	-2.635	7.269	1.81	1.358	1.367	34.31	8.875	4.634
		7	0.0542	0.04533	0.2619	0.8134	-0.9658	1.779	0.5313	0.4251	0.4462	6.247	1.916	0.9658
		8	-0.05524	-0.2058	-0.207	4.557	-3.801	8.358	1.982	1.065	1.452	36.58	9.713	4.557
		9	0.03732	0.31	0.5077	3.51	-2.878	6.388	1.776	0.7144	1.348	33.95	8.702	3.51

续附录6

粒级	产地	序号	Mean	Meadian	Mean	Max	Min	Range	S. dev.	Meadian Abs. dev.	Mean Abs. dev.	Li1 norm	L2 norm	Max norm
+6.3mm	力拓粉	10	-0.3938	-0.1421	-1.005	3.827	-2.139	5.965	1.482	0.7994	1.079	27.08	7.261	3.827
		11	-0.1089	-0.2065	-2.562	3.217	-2.621	5.837	1.63	0.9946	1.338	33.56	8.003	3.217
		12	-0.3858	-0.1778	-0.4564	1.365	-1.2	2.566	0.5793	0.3939	0.432	10.8	2.845	1.365
		13	0.01896	0.06547	-0.6787	0.8946	-1.001	1.896	0.4983	0.2969	0.3975	9.961	2.443	1.001
	澳粉	1	-0.02495	-0.05396	-0.1931	1.303	-0.6401	1.944	0.41	0.1529	0.275	6.416	1.927	1.303
		2	-0.05506	0.005037	-0.9032	0.7104	-0.9195	1.63	0.4982	0.2402	0.3691	2.953	1.327	0.9195
		3	0.005137	-0.06782	-0.08493	1.036	-0.8019	1.838	0.4601	0.1956	0.3326	5.639	1.84	1.036
		4	0.01203	-0.0004908	-0.07444	0.5283	-0.6535	1.182	0.3205	0.2629	0.2635	6.576	1.571	0.6535
		5	0.005669	-0.06056	-0.965	1.893	-0.9938	2.887	0.682	0.456	0.5017	9.533	2.893	1.893
		6	0.06215	0.2109	-0.1932	1.53	-2.136	3.666	0.9809	0.5257	0.7582	19.14	4.815	2.136
		7	0.0005669	-0.06056	-0.965	1.893	-0.9938	2.887	0.682	0.456	0.5017	9.533	2.893	1.893
		8	0.06215	0.2109	-0.1932	1.53	-2.136	3.666	0.9809	0.5257	0.7582	19.14	4.815	2.136
+9.5mm	哈粉	1	0.1751	0.4914	1.986	2.767	-4.334	7.101	2.088	1.454	1.658	21.73	7.262	4.334
		2	-0.06315	-0.7405	-1.168	4.509	-3.06	7.569	1.983	1.441	1.661	41.72	9.722	4.509
	力拓粉	1	0.05708	-0.1308	-1.077	2.479	-1.806	4.285	1.096	0.9615	0.9005	22.43	5.376	2.479
		2	0.003896	-0.01798	-1.079	1.35	-1.103	2.454	0.6916	0.4536	0.5285	7.398	2.494	1.35
		3	-0.0227	-0.4095	-0.3769	3.292	-1.352	4.644	1.171	0.4783	0.8866	22.32	5.738	3.292
		4	-0.01361	0.01364	-0.4524	1.318	-1.175	2.493	0.6685	0.4656	0.5381	13.44	3.276	1.318
		5	-0.01204	0.2931	-2.236	3.96	-2.298	6.258	1.822	1.286	1.43	18.56	6.31	3.96
	哈粉	1	0.004285	-0.1521	-1.902	4.339	-2.231	6.569	1.51	0.5768	1.036	18.65	6.227	4.339
		2	0.07948	0.1172	-0.4945	2.034	-1.527	3.561	0.8373	0.5825	0.6478	12.39	35.09	2.034
		3	0.04228	0.1325	-0.6604	1.27	-1.449	2.719	0.7407	0.6472	0.6216	15.71	3.635	1.449
		4	-0.01331	0.06425	0.3677	1.216	-1.52	2.736	0.69	0.5117	0.5648	14.08	3.381	1.52
		5	-0.02159	0.003799	-0.1496	1.004	-2.115	3.119	0.6971	0.3862	0.5077	12.56	3.418	2.115

参 考 文 献

[1] 应海松，等. 铁矿石检验系列丛书：铁矿石取制样及物理检验[M]. 北京：冶金工业出版社，2007.

[2] 王松青，应海松. 铁矿石与钢材的质量检验[M]. 北京：冶金工业出版社，2007.

[3] 许东，吴铮. 基于 Matlab 6. X 的系统分析与设计—神经网络[M]. 2 版. 北京：电子工业出版社，2007.

[4] 葛哲学，孙志强. 神经网络理论与 Matlab R2007 实现[M]. 西安：西安电子科技大学出版社，2002.

[5] 飞思科技产品研发中心. Matlab 6.5 辅助小波分析与应用[M]. 北京：电子工业出版社，2003.

[6] 飞思科技产品研发中心. 小波分析理论与 Matlab 7 实现[M]. 北京：电子工业出版社，2005.

[7] 许超，等. 预测控制技术及应用发展综述[J]. 化工自动化及仪表，2002，29(3):1 ~ 10.

[8] 李东侠. 基于神经网络的广义预测控制综述[J]. 常州工学院学报，2005(3)：12 ~ 15.

[9] 邢蕾. 基于小波分析时间序列预测技术进展[J]. 吉林金融研究，2009(4)：70 ~ 71.

[10] 刘威，等. 小波变换在时间序列信号长程预测中的应用[J]. 黑龙江工程学院学报（自然科学版），2006(2)：75 ~ 78.

[11] 卢小泉，等. 分析化学中的小波分析技术[M]. 北京：化学工业出版社，2006.

[12] 应海松，等. 用 ACCESS 实现进口铁矿石质量的数据分析[J]. 金属矿山，2003(9)：32 ~ 34.

[13] 马晓国，等. 用小波变换方法消除 ICP—AES 分析信号的噪声[J]. 光谱学与光谱分析，2000，8(4)：510 ~ 513.

[14] 应海松，等. 球团矿相对还原度检测结果偏差的研究[J]. 金属矿山，2002(7)：19 ~ 21.

[15] 董振海. Matlab 编译程序和外部接口[M]. 北京：国防工业出版社，2010.

[16] 倪永年. 化学计量学在分析化学中的应用[M]. 北京：科学出版社，2004.

[17] 张兴会，等. 数据仓库与数据挖掘技术[M]. 北京：清华大学出版社，2011.

[18] 赵尔丹，张照枫. 基于数据仓库和数据挖掘的决策支持系统的研究与应用[J]. 河北软件技术职业学院学报，2005，1(7)：47 ~ 50.

[19] 方富贵. 数据仓库与数据挖掘探析[J]. 信息系统工程，2012(9)：118 ~ 119.

[20] 应海松，朱波. 铁矿石商品的检验管理[M]. 北京：冶金工业出版社，2009.

[21] 应海松. 小波神经网络在铁矿石检验中应用[M]. 北京：冶金工业出版社，2010.

[22] Jamie MacLennan, ZhaoHui Tang, Bogdan Crivat. Data Mining with SQL Server 2008 [M]. WILY Publishing, Inc., 2010.

[23] Robert Sheldon. SQL: A Beginner's Guide[M]. The McGraw-Hill Companies, Inc., 2003.

[24] Robert H Shumway, David S Stoffer. Time Series Analysis and Its Applications with [M]. Springer Science + Business Media, LLc, 2006.

[25] Percival D B, Andrew T Walden. Wavelet Methods for Series Analysis[M]. Cambridge University Press, 2000.

[26] 连立贵，金凤，蔡家楣．数据仓库中的数据提取[J]．计算机工程，2001，27(9)：61，62，99.

[27] 陈练坚，姚赤丹．数据仓库的数据提取方法[J]．现代计算机，2002，151(11)：10～12.

[28] 马社祥，刘贵忠，曾召华．基于小波分析的非平稳时间序列分析与预测[J]．系统工程学报，2000，4(15)：305～311.

[29] 谢福鼎，赵晓慧，嵇敏，平宇．一种时间序列动态聚类的算法[J]．计算机应用研究，2012，10(29)：3677～3680.

[30] 苏卫星，朱云龙，胡琨元，刘芳．基于模型的过程工业时间序列异常值检测方法[J]．仪器仪表学报，2012，9(33)：2080～2087.

[31] Berkner K, Wells J R. Wavelet transforms and denoising algorithm [C]. Signal System & Computers Conference Record of the Thirty Second Asilomar Conference, 1998(2), 1639～1643.

[32] Donoho D L. De-noising by soft-thresholding [J]. IEEE Transactions on Information Theory, 1995, 41(3): 613～627.

[33] Mallat S G. Characterization of Signals from Multiscales Edges [J]. IEEE Trans Patt Anal Machine Intel, 1992, 14(7): 710～732.

[34] Snehamoy Chatterjee, Ashis Bhattacherjee, Biswajit Samanta, et al. Rock-type classification of an iron ore deposit using digital image analysis technique [J]. International Journal of Mining and Mineral Engineering, 2008, 1(1): 22～46.

[35] Venkatasubramanian V, Vaklyanathan R, Yamaoto Y. Process fault detection and diagnosis using neural networks-I [J]. Steady-state processes Compute Chem Eng, 1990, 14: 699～704.

[36] Walczak B, Massart D L. Wavelets-something for analytical chemistry [J]. Trends Anal Chem, 1997, 16: 451～462.

[37] Zhang Q H, Bmvenlste. Wavelet networks [J]. IEEE Trans on Neural networks, 1992, 3(6): 889～898.

[38] 丁仕兵，刘稚．评定进口铁矿品质波动的方法研究[J]．理化检验：化学分册，2004，40(11)：671，672.

[39] 应海松，李斐真．用神经网络评估进口铁矿石品位波动及品质特性[J]．金属矿山，2010，(11)：121.

[40] 赵洋，肖华勇，李振鹏，张坤．一种基于小波分析理论的灰色预测方法[J]．西南民族大学学报（自然科学版），2005(4)：498～501.

[41] 黄进，张金池．苏州市空气质量的时间序列变化过程研究[J]．环球科学与技术，2009(6)：49～52.

[42] 张冬青，韩玉兵，宁宣熙，刘雪妮．基于小波域隐马尔可夫模型的时间序列分析—平滑、插值和预测[J]．中国管理科学，2008(4)：123～127.

[43] ISO 3084：1974 铁矿石—品位波动评定实验[S].

[44] GB/T 10322：2—2000 铁矿石 评定品质波动的实验方法[S].

[45] GB/T 2007：3—1987 散装矿产品取样、制样通则 评定品质波动试验方法[S].

[46] ISO 3082：2000 铁矿石—取制样程序[S].

[47] 薛定宇，陈阳泉．基于 Matlab/Simulink 的系统仿真技术与应用[M]．北京：清华大学出

版社，2002.

［48］范延滨，潘振宽，王正彦．小波理论算法与滤波组［M］．北京：科学出版社，2011.

［49］王毅刚．中国碳排放交易体系设计研究［M］．北京：经济管理出版社，2011.

［50］段宁，程胜高，葛娣．生态指标法用于铁矿资源的开发利用规划生态环境影响评价［J］．安徽农业科学，2009，37（9）：4158~4161.

［51］许海川，张春霞．LCA在钢铁生产中的应用研究［J］．中国冶金，2007，17（10）：33~36.

［52］郑秀君，胡彬．我国生命周期评价（LCA）文献综述及国外最新研究进展［J］．科技进步与对策，2013，30（6）：155~160.

［53］马倩倩，卢宝荣，张清文．基于生命周期评价（LCA）的纸产品碳足迹评价方法［J］．中国造纸，2012，31（9）：57~62.